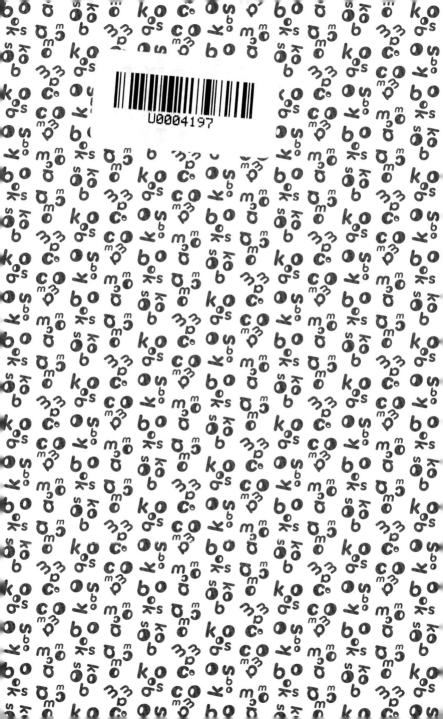

patagonia
Round Glasses

초인적
힘의 비밀
99%
페미니즘
선언
A MANI-
FESTO

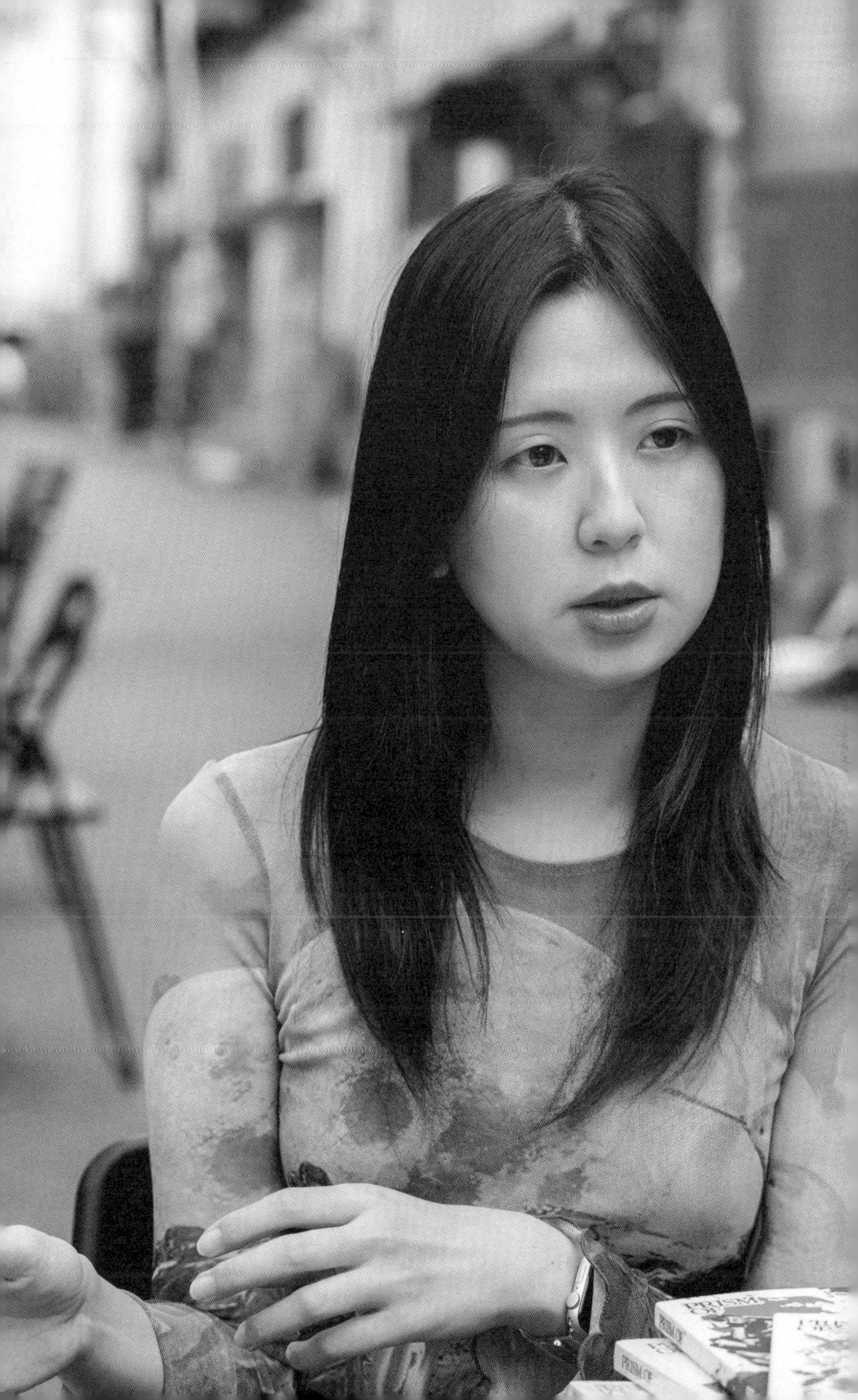

DUTY FREE
JAMESON

세종대왕
測雨臺

POLICE

做書的人

探訪十家韓國獨立出版社快樂的生存之道

陳雨汝 採訪・撰文
廖建華 攝影

目次

編輯室報告

閃閃發亮的人與他們贈與的火花

陳夏民（comma books 總編輯）

「我決定去首爾，我想要走進首爾出版人的辦公室，去看看他們怎麼做事。」

這個念頭還在醞釀時，是疫情前，我那時第一次參與首爾書展，才剛走進會場不久，就被美麗又強悍的策展能量給擊中了！（「我甚至不曾追韓劇！很少聽 K-pop！韓國的空氣是怎麼回事，怎麼一吸就會有浪漫濾鏡在眼前開展？」）書展內設有獨立出版專區，數十家獨立出版社一字排開，一樣是一百八十公分的折疊桌，但他們就是有辦法在那小小範圍內生出我從沒見過的擺攤、策展設計。眼前的一切，無論是人或書都在閃閃發亮，也難怪我招架不了立地成粉。

在臺灣，或許是因為擔任獨立出版聯盟的理事長，我經常回答媒體或是業界的提問，分析趨勢走向。雖然我也研究外國案例，但在現行狀況之下，很難有更高的見解。那時，我站在首爾書展，忽然有了刺激與靈感：只要找出他們閃閃發亮的原因，或許我們也有機會成為另一個發光體！

之所以想要走進別人的辦公室，另一個原因出自孤單。

開出版社之前，我在桃園市區買了一間二樓的老公寓，當時我發誓，要讓這個小空間變成大型出版集團的原點。十四年過去，屋齡超過四十年的逗點工作室沒有變成大型出版集團的基地，反而還縮水了：逗點從當初員工含我一共兩人（最高一度來到四人）的微型出版社，變成只有我的一人出版社。

沒變成大型出版集團，我不覺得可惜，反而愛上一個人的機動性，遇上喜歡的題材，就聯繫不同專業的好朋友們組隊出發一起做書。我有很多戰友，可是我其實很孤單。我總是一個人在逗點工作室埋頭工作直到深夜，在那安靜無比的時刻，我總好奇其他的獨立出版人是否也會和我一樣，整天因為看報表而血壓爆高，差一點捏爆滑鼠？我也想問他們，如果遇到了無法駕馭的題材、出版上的難關，或甚至是漫長人生中不免出現的低潮時刻，他們會如何解決？我甚至想問他們要怎麼規劃、設計辦公室，使其變成催生世界級作品的搖籃！

我想參與別人的世界，看看別人怎麼工作，好證明自己也在正常的軌道上運行。

好不容易等到疫情告終，我和陳雨汝、廖建華兩位好朋友共同組隊出發韓國首爾書展，並且展開採訪獨立出版社之旅。我們長期密集工作、生活，成了很有默契的夥伴。採訪時，我們與韓國出版人交心，透過言語和攝影鏡頭捕捉他們閃閃發光的時刻。採訪結束時，我們去找好吃的餐廳用餐，一邊喝馬格利或啤酒，一邊討論剛才的採訪帶給我們的收穫……

我還記得我們帶著醉意收拾行李的夜晚，雖然三人不曾明說，但都期許終有一天，我們和我們的作品也能閃閃發亮，成為推坑他人探索未知世界的微小火花，點亮你眼中的光。

사진학원
법무사
세무사
kinkos
Pub
OPEN 23.07.18
FAMOUS

무료 와
서비스
DOSIJUNGJEON
STORY OF THE CITY GUYS
도시정전
都市正傳
홍대놀이터
@DOSIJUNGJEON
LAMBDA
Mahalo

우리에겐 언어가 필요하다
이민경 지음
입이 트이는 페미니즘
봄알람
우리에겐 언어가 필요하다
입이 트이는 페미니즘
이민경

EP1

〈女男、媽爸、婦夫〉

春日警鈴 봄알람 baume à l'âme ｜ 李讀盧 이두루

二〇一六年五月十七日凌晨一點，二十三歲的河姓女子在首爾地鐵新論峴站和江南站之間的公用廁所遭到殺害，凶器是三十公分的長刀，凶手是在鄰近餐廳工作的金姓男子。男子犯案前在廁所外的樓梯間徘徊了一小時左右，接著進入廁所埋伏等待下手時機，從監視器畫面可看到，當時進入廁所的其他男性全都平安離開。

數日後在哀悼受害者的集會中發生了衝突，進而引爆韓國社會的女男對立。這樣的對立，源自應將這起事件定調為「厭女犯罪」還是「隨機殺人」。前者的根據來自罪犯側寫師所描述的金男，是對女性有敵意的；後者則主張這與性別無關，不要把男性視為潛在罪犯。

這是 baume à l'âme 出版社成立的關鍵。baume à l'âme 是法文，意為「心靈的安慰」，봄알람是法文的音譯，同時有韓文上的意義：「春日警鈴」。

「被害人雖和男友同行，單獨進入廁所後卻被素未謀面的男子殺害。這讓女性對自身安危起了警戒心——沒有女性是安全無虞的。」總編輯李讀盧斷斷續續按著原子筆，語氣淡然。這一段話他想必在許多採訪場合反覆說過。

「這是具象徵意義的事件，當時人們感覺到的憤怒和悲傷十分巨大。」

當時，案件定調為「精神病患隨機殺人」的色彩相對濃厚些。部分男性不理解這件事為何讓女性如此悲憤，另一方面，女性也因不知如何向身邊男性親友確切描述自己的感受而感到鬱悶，或者說出口了卻因對方的反應而受傷。

「在聽到『是你太敏感了吧』、『這有什麼好大驚小怪的？』諸如此類女性曾經歷的片刻，或往後要經歷的片刻中，怎麼回應對方才好呢？」總編輯李讀盧說：「回想當時聚積的能量是不可思議的，很龐然的共憤，在那樣的狀態下，我們的第一本書《我們需要語言》（우레에겐 언어가 필요하다）出版了。這本書就像語言學習書，幫助你『開口』。」

當然，這本書的副標可是「女性主義開口說」。

作者是一九九二年生的李珉炅（이민경），在刊載女性議題報導的社群當翻譯志工，他在社群上貼文表示，想以這案件為起點，為心累的女性寫一本書，正在尋找能協助出版流程的人，讀盧就自告奮勇了。當時讀盧還是別家出版社的職員，作者也是第一次寫書。合作夥伴都是陌生面孔，全因這本

書聚在一起，出版後得到爆發式的回響。從那時起，讀盧就持續出版女權相關及女性議題的書籍。

二〇一六年七月《我們需要語言》上市，讀盧在七月十三日成立出版社——江南站殺人事件兩個月後。

銷售 # 通路

「獨立出版社要跟大型書店或網路書店①簽約並不容易，但因為出版第一本書就熱賣②，一刷五千本完售，上了暢銷排行榜第一名，所以是教保文庫主動來洽談的；小型書店也五本、十本地進貨，就這樣為後續的新書打開通路。

銷售主要透過經銷商，區域型書店或獨立書店在最初也是重要管道，可惜六、七年下來，書店消失了很多。

書展也是一種銷售方式。去年（二〇二二）在首爾書展賣出很好的成績，我想是隔了兩、三年都沒有實體活動的關係吧，讀者身處購書的飢餓狀態，讓我們有不錯的銷量。

出版社成立初期，女性讀者確實對於女性主義相關書籍有穩定需求，早期我們也會參加市集，後期則把重心放在首爾書展和 Unlimited Edition③，後者是出版社成立以來每年都參加的市集，那裡有幾百個攤位，販售著形形色色的出版品，令人訝異『書也可以這樣做？』我認爲這是很有意義的活動，所以無論銷售狀況好壞，我每年都會參加。

關於在網路和實體的銷售額，我沒有仔細比對過，體感上，網路銷售大約占了百分之七十。其實也是因為韓國人的消費習慣大都透過網路書店。

---

① 不分實體或網路，韓國的三家大型書店分別為教保文庫、YES24、阿拉丁。

② 逗點拿到的版本是四十七刷！

③ 韓國的 art book fair (unlimited-edition.org)，至二〇二三年為止已舉辦十五屆。

大環境嘛……越來越差，不過，會賣的書還是會賣。問題在於多半是網路書店首頁顯眼的那幾本在賣；或者已有知名度的作者出書時，搭配 Youtuber 之類的網紅行銷，大賣經常是如此加乘的結果，這種情況也越來越普遍。

我開出版社第七年，入行已經十二年，剛踏進產業時就聽前人說出版是夕陽產業，維持下去確實不容易。每年還是有大賣的書，只是通常要力道足夠的作者和團隊，也要花錢宣傳，有一定規模的出版社比較容易做到這些。市場結構就漸漸傾斜成這樣了。」

行銷策略

「我們沒有專門負責行銷的人。目前的做法是透過社群媒體，思考怎麼把這本書呈現給受眾，但我最近常感覺到，這種方式還是有很有限。

二〇一六、一七年當時，女性聚在一起討論女權議題，智識需求很大，我

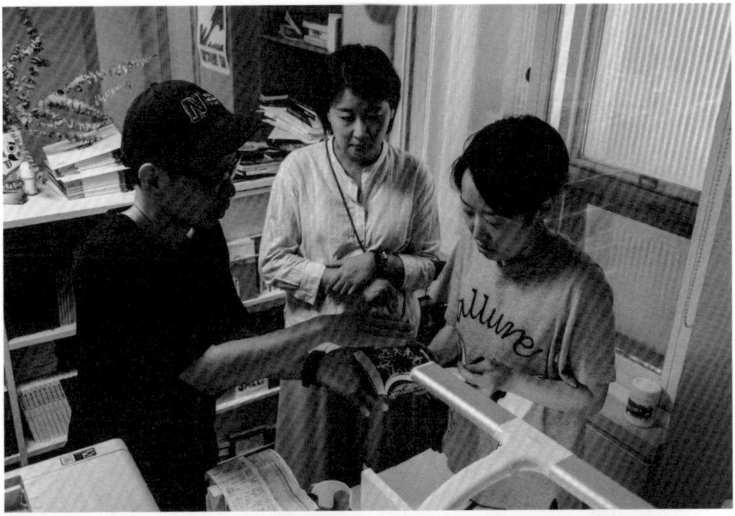
allure

感覺到必須打造新的語言和說話方式，因為這是和生活、生命密切相關的。當時的風潮讓『沒想到他們會出女性主義相關書籍』的出版社都出了書，連帶書店也舉辦『女性主義特別企劃』，這類書籍搖身一變成為出版市場的熱門商品。

現在熱潮退了，女性的共學雖沒有消失，卻會被指責。例如女性Youtuber會遭受攻擊或露骨的詆毀；如果某企業的廣告被批評『厭男』、『該不會是搞女性主義吧』，企業就會道歉，甚至還有喊著『女性主義去死』的非理性網民。像這樣的『反彈』(backlash) 加上不景氣，書籍銷量自然減少，目前女性主義團體並不是那麼能得到社會回響。」

即使讀盧認為社會整體氣氛對女性主義並不有利，身為獨立出版社也無特別的行銷資源，但春日警鈴有一項過人之處，那就是令人驚豔的網頁設計。網頁不採用新書／熱門書、類型、作者等傳統分類，版面沒有主副 banner 等大大小小的切割，更沒有密密麻麻的文字和連結。

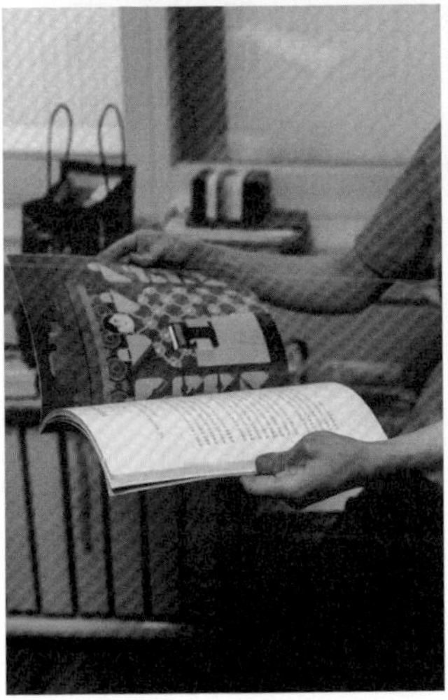

임금을 찾아서
곱게 지지
꿈을 그리는 여자들
ÉCONO

它的首頁呈現色彩鮮明的諸多牌卡，一張牌就是一本書；書籍分類為：新舊書順序、第一句話、最後一句話、各種疑問、主題／關鍵字。點入「第一句話」後，出現的畫面是繽紛的粉彩色塊，每個色塊印著每本書的第一句話，例如「千萬不要低著頭，請直視這個世界吧。」「離婚後，好一段時間我都隱瞞了離婚的事實。」或在「各種疑問」項目裡，「『現在哪還有性別不平等啊』——如果對這句話感到厭煩該怎麼辦？」「N號房的加害者後來怎麼了？」

這樣的設計排除了書是否暢銷、書名是否吸睛、作者是誰等影響，讓讀者從牽引自己的文句或誘發好奇的疑問裡按下滑鼠，其實是更直觀地傳達了書的意義和本質。瀏覽春日警鈴的網頁就像在玩遊戲，是一種享受，強烈感受到這間出版社想跟讀者好好聊聊，而不是排山倒海送上資訊。

網頁的設計師是不到三十歲的女性，亦是春日警鈴的固定成員。可惜採訪時沒有見到本人，倒是一眼看到了想必是設計師的座位——桌上帶著奧妙平衡的混沌，一張用過的口罩昏倒在椅腳下，靠牆處有貓砂。

賣得最好的書

「賣得最好的就是第一本書《我們需要語言》，九萬本。」

在我們的驚嘆聲中，讀盧淡定依然，甚至反問：「這樣算多嗎？」

「這本書引起那麼大的話題，也登上暢銷排行榜，竟然只賣了區區九萬本？我是這麼想的……當然！我知道說這種話有點身在福中不知福。」他笑出聲，接著指著一面獎牌。「這本書獲得了『閃耀十年書選』④女性書籍項目的獎。」

---

④ 10년을 빛낸 책，韓國人文社會科學出版協議會主辦，選出貫穿二〇一一至二〇二〇這十年間與主要社會議題相關的推薦書籍。

'10년을 빛낸 책'
[페미니즘 부문]
「우리에겐 언어가 필요하다」
출판사 : 봄알람
위 출판사는 좋은 기획과
충실한 편집으로 우리 사회에
화두를 던지고 새로운 논의를 촉발시킨
책을 만들어, 지난 10년을 빛내주었기에
이 상패를 수여합니다.
2020년 12월 18일
인문사회과학출판인협의회
회장 고 운 성

「這本書對社會有一定程度的『破壞力』。」他補充道：「它要讓大家知道，女性面對差別待遇時，不必非得溫柔地表達，對於找碴的人也不一定要『好好說話』，更沒有回答所有問題的義務。」

這本書列出韓國女性會遇到的「對話危機」。例如，可能會有人在你談女性權益時，提出「對人的關懷才是優先吧？兩性平等才是重點吧？」或是在你提出某個問題時，對方拿另一個問題來模糊焦點。這些狀況該怎麼應對？答案就在書中，可說是女性的「實用會話集」。

讀盧提到，曾有讀者說平時會把這本書隨身帶著⑤，在公司聚餐等場合，想反擊對方時就拿書出來參考。

⑤ 書籍尺寸為一〇六×一七一毫米，一百九十二頁，一百九十九公克。

#跨領域合作

「幾乎每本出版品都有電子書，都是先紙後電。有聲書則只有《我們需要語言》和《我是金智恩》⑥。」

《我們需要語言》是對於江南站殺人事件的震耳回應，《我是金智恩》則位於撼動韓國政界的震央。事件源頭是共同民主黨⑦最有可能角逐下一任總統的人選，忠清南道知事安熙正權勢性侵他的隨行祕書金智恩。金智恩親自發聲，闡述從揭發性侵、一審無罪，直到最終判決有罪這段時間所面對的一切。

聽聞在風暴正中央的金智恩苦苦尋覓願意合作的出版社，讀盧認為這本書非出不可，如此下定決心後，第一件事是先看一下公司存摺，「因為出版後難保沒有訴訟的可能。」縱使出版及宣傳過程一波三折，二〇二〇年末仍被多家媒體和大型書店票選為年度之書。

「金智恩這本書曾接到電影版權的詢問，但結果沒成。」詢問是否還有其他形式的內容輸出時，讀盧想了一下。「墮胎主題書製作了四部 YouTube 影片，反應很好，當時體會到原來透過影像敘事是這樣的啊。我了解有人是不閱讀的，所以也想過要把手上的內容轉為書籍以外的作品，但覺得這跟文字是差異很大的事。我們目前最多會在 YouTube 上做書介，但以外的就實在沒有餘力了，頻道需要專人製作和管理，因此目前並不算有涉獵到影像內容。」

---

⑥ 김지은입니다，臺灣已有譯本：《我是金智恩：揭發安熙正，權勢性侵受害者的劫後重生》，時報出版。

⑦ 더불어민주당，目前為韓國最大在野黨，第十九屆總統文在寅所屬政黨。

開出版社前與後

「我一直都在人文社會科學領域從事出版工作，第一個職場就是出版社，沒有離開過出版業。明顯的變化大概是……出版了俯仰無愧的書吧。我既是編輯也是社長，對於產出的成果有很強的責任感。尤其，身為新世代的女性主義出版社，我們傾向去發掘新作者，而不是找已有知名度的作者。迎接每一本書的過程中都思考著，要怎麼編輯？要讓這本書成為什麼模樣、怎樣的商品？每一本書都有不同的難關和苦惱。我想，編輯可以這樣主導書的走向，是很大的權力，如果不是自己的出版社，不可能涉入這麼深。我也會盡量跟作者持續溝通，製作出令自己滿意的作品，這好像只有擁有一間出版社才做得到。

決定『女性主義』的出版方向後，我們做了一些嘗試。比方說，韓文裡有他和她的代名詞區分，但我們選擇不使用代名詞『她』，一律用『他』；

或者女性的醫生就是醫生，不會強調『女』醫生。避免在用字遣詞上讓女性成為附屬品、第二性，這種實踐也只有自己是出版社老闆才能做到吧。『男女問題』，我們會寫『女男問題』，透過改變把女性後置的詞語，讓讀者看到原本的情況並非理所當然。如果會造成閱讀上的障礙或混淆，我們會試著調整句子結構，讓讀者理解現在說的是女性或男性。」

＃想一輩子做出版嗎？

「不想。」讀盧秒回答，在問題問完之前。

「我意思不是要收掉出版社，而是覺得出版這件事也可以用freelancer的方式進行……那夏民會想一輩子做出版嗎？」他把提問拋回來。

「以前不會想要一輩子做出版，但現在覺得可以。」夏民答。

「為什麼？」他訝異地笑。

「……我找到了方法。以前全心投入的時候會比較容易受傷，現在開始發現，做出版有很多有趣的事，那應該去追求這個有趣的事，在這種狀況下就好像可以做很久。等於說，延續這個興趣但不要給自己太大壓力，就能一直做下去。」

對於這段話，讀盧表示贊同。

夏民追問是否有職災。

「在整個社會對於女權議題思辨最激烈的時機點，我成立了一間女性主義出版社，每次出書，就會有莫名其妙的爭議或是對作者的人身攻擊。後來我試著調整，不要太受情緒牽動。不過，欣賞書的標題和排版等種種樂趣，變成工作後就漸漸消失……曾經懷疑自己是不是入錯行了。」

#推薦給臺灣讀者的書

「有兩本。第一本《我們也有族譜》（우리에게도 계보가 있다），是五十年前極權統治時代的女性參與民主化運動，同時面臨政治上和性別上的壓迫，他們試圖在這兩種壓迫下突圍而出的故事。「小說般的真人真事，我邊看邊哭邊下決心要趕快出版這本書。我們近距離探討過韓國的性交易、墮胎、薪資不平等，各層面的性別議題，而這本則是在歷史的風景裡，呈現了人的韌性，我自己從這本書學到很多，所以想推薦給臺灣讀者。」

第二本是目前已經到十二刷的《思考的女人和怪物同眠》（생각하는 여자는 괴물과 함께 잠을 잔다），這本書精簡扼要地介紹了六位女性哲學家，讀盧表示讀者反應非常好，也是在書展賣得最好的作品。「除了汲取知識之外，也讓我們思考『怎麼之前沒有這樣的書呢？』出版這本書的契機，是韓國知名的哲學暢銷書作者曾公開質疑『有女性哲學家嗎？』我想回應這種質疑，所以帶著輕鬆心情開始的企劃，讀者的回響超過預期，才讓我意識到『啊，原來人

LGBT
첫 걸음

們會想看這樣的書。』」

看報表的心情

「我能體會夏民看報表時要捏爆滑鼠的感覺，」讀盧笑出來，「雖然會被厭女的群體抵制，但前幾年只要出新書，銷售都不錯，近期新書卻推不動，甚至可說一落千丈。我想，或許是去年二〇二二政權交替後，表現出來的並不是會做事的政府，韓國的社會意識出現很多破口。

我們的讀者年齡層十幾歲到二十幾歲最多，早期大約五成以上是二十出頭歲的人，現在越來越多三十幾歲的女性。不過，感覺到年輕讀者不買紙本的人變多了，理由多是書櫃空間不夠，他們甚至會丟棄喜歡的書。前年（二〇二一），市場整體的紙本銷量變少了，但即使韓國是數位化如此進步的國家，電子書也沒有相對應地銷量變好。我覺得會持續變化，因為電子書掌握到了另一群讀者。」

解壓與療癒

「跟讀者暢聊女性主義，或者和前同事、同業互吐苦水都滿解壓的。但克服低潮的方法，說到底還是來自良性的讀者回饋或書評。去年的首爾書展也得到很多力量，搬書、站攤位八小時賣書、結帳，跟久違的讀者直接面對面，現在回想都覺得不可思議，好像大量分泌了腦內啡，不用進食也不覺得餓，身體痠痛但精神上很滋補。讀者看完書之後會和我們分享想法，其中我最喜歡的讀者回應是『春日警鈴沒有失敗之作』。與讀者間累積起來的信任，我都會記在心裡，這些回饋在我實務方面遇到難關時，就能幫助我克服不適。」

「但獨處時的解壓方式、療癒食物、推薦的酒，答案全部都是啤酒！」讀盧大笑。

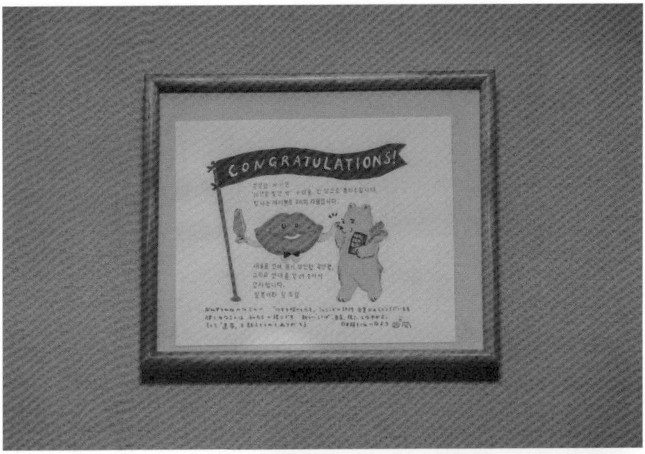
CONGRATULATIONS!

「那跟啤酒最搭的下酒菜呢？」

「麻辣香鍋！」不到一秒就回答。「麻辣香鍋可以放很多蔬菜下去炒，加上辣醬調味。我不太吃肉，所以很喜歡這種可以吃到各種蔬菜的辣味料理。」

「你吃素嗎？」

「不是，但我盡量不吃哺乳類動物。」

問到有沒有帶來安慰感的隨身物品時，讀盧不太理解這個問題，某層面感覺像臺灣和韓國的文化差異，稍微解釋後，他指著書櫃上的玻璃白鶴和迷你版的半跏思惟像⑧。

「我的名字是讀盧，韓文裡跟白鶴的發音很接近⑨，所以常常收到白鶴造

⑧ 全名「金銅彌勒半跏思惟像」，韓國第八十三號國寶。

⑨ 讀盧的韓文是두루，白鶴是두루미。

allure

型的禮物……其實看到可愛或好笑的東西就會有療癒效果，就覺得生存得下去，那個不一定要是物品。」

春日警鈴的辦公室是十坪出頭的迷你公寓，有廁所和簡單的流理臺，剩下的空間便是辦公桌、會議桌和書櫃，牆上掛著出版《我們需要語言》日文版的社長所致贈的手繪圖，恭喜他們獲得「閃耀十年書選」獎項。

聽讀盧聊到第一本書的銷售佳績時，腦中不自覺跑過常聽到的韓式謙虛語，例如「運氣好、托讀者支持之福」之類的用詞，讀盧倒是都沒說。我想因為那不是運氣或托誰的福，是他的心意和行動，成就一本閃耀十年之書和春日警鈴獨有的姿態。

六月中旬的下午，逗點三人走進了新村一棟住商混合大樓裡，一間可住可商的房。在一樓等電梯時碰見了他，抱著三、四瓶維他命飲料，穿著白鶴圖案短袖上衣的李讀盧。

連結資訊

🌐 www.baumealame.com

◎ baumealame

나가는 곳
Exit 出口
공항터미널
Korea City Air Terminal
무역센터우체국
Trade Center Post Office
· 코엑스
COEX Exhibition Center
· SEVEN LUCK CASINO
⑥ 영동대교방면
To Yeongdongdaegyo
봉은사(템플스테이)
Bongeunsa(Templestay)
취업 UP

NETFLIX
목숨을 걸고 구출하라
조 루소 & 앤서니 루소 제작
크리스 헴스워스

신유물론 입문:
새로운 물질성과
횡단성

EP2

〈南漢山城下的左派掌門人〉

第二提綱 두번째테제 Secondthesis ｜ 張元 장원

第二提綱是怎麼樣的出版社，從名字就能一窺端倪。

出版社的名字，來自馬克思（Karl Marx）《關於費爾巴哈的提綱》其中第二條提綱——「人的思維是否具有客觀的真理性，這並不是一個理論的問題，而是一個實踐的問題。人應該在實踐中證明自己思維的真理性……」

近兩年出版的書如下：

《化石資本：蒸氣動能的興起和地球暖化的起源》

《管理資本主義：所有權、管理、未來的新型生產模式》

《為了民眾的綠色新政》

《駭客的國家：網路攻擊和地緣政治學的新常態》

《核能的社會史：日本核能的緣起》

《新唯物論入門：全新的物質性和橫切樣態》（非翻譯書）

《種族、國家、階級——模糊的身分認同》

《法西斯的心理構造》

《華盛頓子彈——CIA、政變、暗殺的紀錄》

《被誤解的身分認同》

書單列出，總編輯張元的模樣也鮮明起來。

出版社創立於二〇一七年，那之前他在青少年及教育書籍為主的出版社當了九年的編輯。

「我的興趣一直都在人文社會科學，特別是馬克思主義和左翼思想相關的主題。雖然偏學術路線，不算是大眾關注的領域，卻是我持續研究的領域。」張元不疾不徐地說：「當時我告訴自己，先試試出版三十本就好。帶著這樣的初衷開始，目前已經出版了第二十七本，這個月還有一本會出來。」

「冒昧問一下，當時還有其他促使你離職的因素嗎？」

「啊，當時我工作的公司營運上變得困難，職員人數減少，我也在考慮是否該離開。加上剛才說的，我有自己想嘗試的方向。」

 # 銷售 # 通路

「我在出版社工作了很長時間，認識這個圈子的人，無論是前輩或後進。國內大型書店如教保，網路書店如阿拉丁、YES24，新出版社可能會覺得要跟這些地方簽約或許有困難，但這方面我還算上手。

另外，我和首爾幾間人文社會科學專門的書店有往來，例如成均館大學對面有間『煽風』(풀무질)，首爾大學附近有叫做『有朝一日』(그날이 오면)的書店，以及高麗大學附近有一家名為『承載知識』(지식을 담다)的書店，還有現在已經歇業的『紅書店』(레드북스)。我會直接拜訪這些書店，書籍發行時親自奔走宣傳，用這樣的方式去接觸讀者層。釜山、大邱等城市也有偏向人文領域的書店，我有空時會去拜訪他們。

跟其他獨立出版社相比，我感興趣的領域比較不一樣，出版品是相對艱澀的內容，在一般獨立書店也不容易看到，因此連帶出版管道也有了差異。實際上，這類書籍通常會透過阿拉丁這樣的網路書店……特別是阿拉丁在人文社會

科學領域的讀者是相對多的。我主要透過這類網路書店與負責該領域的MD⑩交流，說明和宣傳我的出版品。目前我和教保文庫、圖書經銷商Booxen、阿拉丁網路書店，以及韓國出版合作社（한국출판협동조합）都有合作。」

問到哪個管道的銷量比較好時，他說：「實體方面如人文社會科學的專門書店，探討相關主題的書籍十分集中，煽風書店曾替我安排專屬區域。書籍主題符合需求的情況下，也能夠在教保文庫實體店上架。至於銷量最好的管道，可以說是阿拉丁網路書店。」

一刷通常一千本，再刷的出版品目前有六本。另外想補充，剛才會一直提到領域，是因為我出版的基本上都是學術性質、探討思想類型的書，雖然熱銷的也不是沒有，但大部分屬於細水長流的銷售。而且我多次推出在學術

---

⑩ Merchandiser，在實體或網路書店是負責書籍販售及行銷企劃、庫存管理的人，通常以兒童青少年、文學、科學、人文社會等領域區分執掌。

領域的知名書籍，例如這本《種族、國家、階級──模糊的身分認同》，是法國著名的學者埃蒂安・巴利巴爾（Étienne Balibar）所著，這樣的書原本在學術界就很有名，即使沒有額外的宣傳活動，也會有一定程度的銷售量。這本書已經再版三次了。」

行銷策略

「與其說是策略，不如說我採用了相對傳統的方式──書一出來會先通知媒體，把書寄給藝文記者，接著寫報導資料給媒體。我專注在特定領域，所以部分書籍滿常在學術界得到推薦。當然也會在出版社的社群頁面發布消息。

如果是國內的作者，通常會用演講或讀書會來宣傳；反之，翻譯書就比較不容易有實體活動。加上近兩年疫情導致的限制，與讀者面對面的實體活動變得困難。幸好今年初疫情減緩，我打算要加強實體活動。」

疫情期間如何宣傳新書？

「所謂的學術圈，除了大學，還有對這領域有興趣的老師或讀者組成的人文團體。疫情期間會使用視訊會議軟體，如果人數不多也可能舉辦實體聚會。此外，由於無法投注太多資源在宣傳一本書，我決定更頻繁地出新書作為因應。希望藉此希望表現出版社持續活躍的狀態，累積起來，能讓讀者認知到有我們出版社具有某種特色。雖然喜歡第二提綱的讀者數量較少，但這是我所能做的。」

韓國出版市場現況

「打從我進入這行，出版市場很艱難的說法從未間斷。如果反過來想，也許能當作這個市場沒有太多變化，是持平前行的。不過，如你們在首爾書展看到，獨立出版攤位並不少，可推測從事出版的人增加了。獨立出版在市場上充滿活力，尤其設計、藝術、文學類型。即使在獨立出版圈，我仍然是偏離主流的，尤其是經營方式，因為我的活動範圍在學術圈。

從出版層面來看，我認為 ChatGPT 這種技術讓書稿開始產生一種區別性。讀者結構中的高級讀者[11]通常會閱讀艱澀的書籍，他們是穩定的存在；另一方面是大眾讀者，與過去相比減少了很多，整體說來是個危機。高級讀者的水準不斷提高，因此對於製作學術或思想相關書籍的人來說，必須好好思索如何提高書的品質。出版市場本身實際上在韓國的文化產業中的經濟貢獻可能占比很小，但當你決定以獨立工作者嘗試某事時，不失為值得挑戰的領域。」

---

⑪ 原文是고급독자，指稱閱讀小眾、高知識含量或高難度書籍的讀者，其相對概念是大眾讀者。

目前賣得最好的書

「就是剛剛提到的《種族、國家、階級—模糊的身分認同》，書一出版，《京鄉新聞》⑫就和譯者進行訪談，這本書在世界各國原本就很有名，卻因為比較艱深，沒有馬上引進國內，去年剛上市就賣得很好。

另外一本是早期的書，名為《漢娜・鄂蘭的思維前線》，作者是為身心障礙人士爭取權益的社會活動家，也研究哲學，我們一起構思初稿，透過徵選得到二〇一八年京畿道的出版品補助，接著製作了這本書。經費足夠支援書籍的整個製作過程，但算是滿競爭的，當時入選有十組，入選率大約是十五分之一。」

至於出版社的收支是否可達到平衡，以及給經銷商的價格又是如何？

「我出的大多是外文書，開銷占最多的是版權和翻譯費用，加上翻譯需要時間，資金不足的情況是有的。你剛才說臺灣的出貨價格是定價的五折，我們這邊原則上是六五折，若是學術性質等小眾書籍可以到七折。如果對方一次進五十或一百本這樣較大的數量，價格會再低一些。就我所知，大部分出版社的出貨價格落在六折左右。」

紙本書與電子書

「我出版的書籍之中大約有一半有電子書。但電子書銷售量幾乎是零，這或許是讀者偏好的緣故，電子書適合能夠輕鬆翻閱的類型，例如小說，哲學或思想類的書籍可能不太容易。從這個角度來想，我猜這是第二提綱的讀者

⑫ 경향신문，韓國大型報社之一。

較少使用電子書的原因。我的書基本上都是文字，沒有圖片，以電子書呈現可能不太受歡迎。」

問及有無和其他領域合作的計畫。

「目前沒有涉足文學領域，大概也不會有ＩＰ知識產權的交易。我思考過，如果要進行內容輸出，可能會透過我所參與的國際左翼出版聯盟，這是全球性的組織，國外有很多小規模的、真正的左翼出版社，一直保持著交流，這是我會考慮內容輸出的管道。」

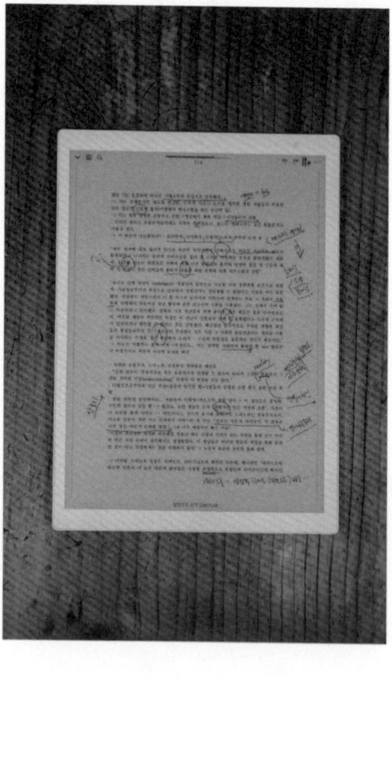

開出版社前與後

「我大學畢業後就進入出版業，一直在同一家出版社工作了九年，然後辭職，花了一年的時間做其他事，準備創業。你問開出版社之後，生活和工作的個人哲學是否產生了變化……與其說變化，應該說身分從上班族轉換成自營業者。和從前比，說現在更自由也沒錯，但同時也要承擔更多責任，偶爾遇到資金上的問題，會覺得有些棘手。相對地，如果有什麼想嘗試的計畫，我就能立刻進行，這點是很大的變化——而這正是讓我開出版社的動力。」

「假如能回到二〇一七年和當時的自己聊聊，會想說什麼？」

「我當時……辭去工作後做了好幾種工作，還學了建築技術。就這樣一邊思考著是否該嘗試開出版社，現在回想起來，如果能更專注於發掘好作品，也許會比較好吧。」

對於「會想一輩子做出版嗎？」的提問，張元並無遲疑，但給了應是深思熟慮過的回答：「嗯，如果出版社能有所成長，我認為是可以一輩子的。」

推薦給臺灣讀者的書

「第二提綱的非翻譯作品中，我想向臺灣讀者推薦先前提到的《漢娜・鄂蘭的思維前線》。鄂蘭最廣為人知的就是在《平凡的邪惡：艾希曼耶路撒冷大審紀實》談到邪惡的平庸。這本書的主軸在於敘事學，意識形態裡的『被遺棄者』（pariah）無法為自己發聲，也可視為受壓迫的人，這些人如何傳達自己的想法？敘事學就非常重要。另外也有對極權主義的批評——人為什麼會陷入極權主義？當人無法梳理和表達自己的想法時就很容易會這樣。我自己讀得興味盎然。

還有這本《新唯物論入門：全新的物質性和橫切樣態》，是年輕的哲學學者寫的，新唯物論是新的潮流，剛好今年首爾書展的主題是「非人類」，正好呼應到。書中介紹到有名學者如曼紐爾・德蘭達（Manuel DeLanda）

和羅西・布萊多蒂（Rosi Braidotti），我認為國外的讀者讀了也會覺得有趣的。

最後，還有一本《芒果和手榴彈：生活史的理論》（망고와 수류탄：생활사 이론），作者是日本學者岸政彥（Kishi Masahiko）⑬，這本書探討沖繩、沖繩童話和沖繩人的身分認同，以及生活史的方法論，試圖摸索出關於人類的新理論。」

第二提綱的辦公室在京畿道城南市，近南漢山下，離首爾市政府約一小時的大眾交通車程。城南市的重點產業是ＩＴ，「韓國矽谷」板橋區也坐落此處。

---

⑬日本社會學家，研究主題為沖繩、生活史、社會調查方法論，聯經出版了他的著作《片斷人間》。

안전

「這地方沒有什麼出版社，我選擇城南市是因為這是我出生長大的地方。」甫見面時，總編輯張元這麼說。

在電郵往返階段，他明快地答應受訪，卻婉拒了我們拜訪並拍攝辦公室的要求。夏民提過想呈現獨立出版人的日常，這當然包括他們的工作空間，所以我試圖找出折衷的方式，例如只拍特定角落或甚至辦公室外圍。雖然張元再次拒絕，卻同時主動提出「到南漢山城走一走」。對於這個提議，我一廂情願地認為張元可能要傳達某種訊息，見到他本人後，對自己的假設更加肯定。

這位喜怒不形於色，在小眾的小眾裡獨行的左派出版人，莫非是要藉南漢山城⑭隱喻什麼。

⑭ 西元一六三六年底，清太宗皇太極率十萬大軍攻打朝鮮，仁祖逃往南漢山城避難。但除了兵力懸殊，糧草和士兵的禦寒衣物也極缺乏，避身於江華島的妃嬪和宗室皆被俘虜，以及在不投降就屠城的威脅下，圍城四十七天後，仁祖身著青衣，步行至皇太極面前，三跪九叩，成為清朝的臣屬國。

TAIWAN
TAIWAN
Stories Ahead:
Taiwan Lit Now

張元和我們約在首爾書展會場碰面。他戴著藏青色鴨舌帽，身穿同色系上衣，揹著看起來很沉的後背包。我們在千軍萬馬的書籍包圍下，各國出版人的言語交錯間，聽他談出版。

等氣溫最不羈的時段過去，我們搭車，輾轉一小時左右到山城其中一步道入口，張元為我們選了相對友善的路線。雖說如此，還是會喘的。上坡時，我試圖讓自己聽起來呼吸平穩，問他：「到這裡是不是有什麼特別的意義？」

「沒有，」他表情淡然，「這裡離我老家不遠，是我小時候的活動範圍。」

這樣啊……

東西南北四道城門圍起來的城牆長約七・七公里，我們穿過南門，當年仁祖逃難時就是從這裡進來的。城樓匾額是「至和門」，城樓下拱形的空間裡有敞開的左右兩大扇鐵門，目測約由一百片帶著歲月痕跡的暗紅鐵片組成，像方形的魚鱗。城牆整體無特別整修，斑駁得恰到好處。

我們往西門方向，抵達了守禦將臺⑮，是五座將臺唯一留下來的。邊走邊聊，也邊幫張元拍照，拍到他忍不住說結婚時都沒拍成這樣。時間不夠我們繼續往仁祖避身的行宮前進，便沿著城郭下山，從城垛間看到遠處那高達一百二十三層樓的樂天塔即將沒入黃昏時刻。張元在旁補充道，樂天塔那位置差不多就是當年仁祖三跪九叩的地方，留下了一座「大清皇帝功德碑」。

晚餐，張元領我們到山腳下的豆腐專門餐廳，在海鮮煎餅、辣拌橡實凍，拳頭豆腐配炒泡菜，以及名為南漢山城的馬格利之間，得知了他解壓的方式是聽音樂和彈吉他，也曾組過樂團，十年前拆夥了。

「樂團裡你負責什麼？」

「吉他。」

---

⑮ 京畿道有形文化財第一號，建於一七五一年。

喜歡搖滾樂，聽過落日飛車的表演，喜歡的食物是當季的石斑魚生魚片，喜歡的酒是生啤酒。能從中得到療癒的物品是 Gibson 吉他，隨身攜帶物品是可以校稿的日製閱讀器。

如果從見面到道別都算採訪，第二提綱可能是時間最長的。飯後，一起走回地鐵站的路上，張元問：「以你們採訪的對象來說我可能不夠精采，採訪我會不會對你們沒什麼幫助？」就事論事的語氣。他指的大概是戲劇化的故事性，我想的是一位外表溫和的叛逆出版人開了間左派出版社可能已經夠戲劇化了。

走在生態社會主義的路上，他的每一步都在探討非人類和人類之間的關係，思辨反成長主義，恰好與二〇二三年首爾書展的主題相映。不僅遠離首都圈出版相關公司最集中的東橋洞一帶，離京畿道坡州出版城也是對角線的遙遠距離。

連結資訊

blog.naver.com/secondthesis

近幾年左派在韓國的政治語境裡偶有「左膠」、「親北韓」的貶義，不過，張元每次說出這兩個字時，從聲音和語調中能感覺到那非扁平的意識型態，而是立體的生活實踐。

get
CU
OPEN

EP3

〈每個月都是全新的我〉

概念誌 컨셉진 conceptzine —— 金才珍 김재진、金京熙 김경희

距離、一天、書桌、獨處、空間、慢活、社區、夏夜、遺忘之物、脫離、下班、同行、祕密基地、廚房、休憩、浪漫、大人、連續劇、郊遊、爸爸、臉孔、品牌、悸動、幸福的消費、睡眠、藝人、童心、紀念日、靈感、樂器、親切、媽媽、回憶、想像、節慶。

《概念誌》每期選定一個主題發揮，以上是其中一部分。

主題句總是「你……」起頭的問句，舉例來說，一〇七期是「你有想學的外語嗎？」，八十一期「你睡得好嗎？」、六十六期「你生命中有心動時刻嗎？」、四十三期「你有祕密基地嗎？」看似平凡無奇，又莫名吸引人翻開來閱讀。內容主要從物品、地方、場景、文化、藝廊、人物、特輯、散文等角度，觀看選定的主題，最後附上讀者本月份任務。

《概念誌》從二〇一二年開始，每月發行，至今已進入第十二個年頭。前往採訪當時，剛好出了第一〇〇期，正準備第一〇一期。

讀者任務是《概念誌》的亮點。第一〇〇期的主題是「持續」，任務包括：寫下我要持續做某件事的誓約書、尋找能一起持續做某件事的夥伴、連續一個月每天讀一頁書……等。其中一項任務叫一八一八⑯儲蓄，如果感到要發火了就存十八韓元到自己戶頭，可依據怒氣值高低，存一八一八、一八一八一八一八元不等，並寫下生氣的日期和原因。如此存下來的錢一個月後拿來補償自己。

發行人金才珍和總編輯金京熙從大學畢業後，先後進入不同的雜誌工作。「創刊那一年，我三十歲，她二十六歲，當時是男女朋友（笑），都想成為採訪編輯，她是時尚領域，而我是足球。」提及成立出版社的契機，金才珍說：「我們在各自的工作中，都沒有找到喜歡的媒體，基本上是商業走向。我想專注在足球，但上司要的是採訪當時像朴智星這種明星球員的女朋友。我們在公司都是助理，比較多空閒，想用毫無負擔的心情做些嘗試。當時正是應用程式大量問世的時機，加上我們沒有資金，也沒打算做紙本書，因此決定以數位的方式發行，《概念誌》就這樣由應用程式的形式誕生。過了一

---

⑯ 數字十八是韓語髒話「幹」的諧音。

年，發現數位內容消失得很快，但我們想保存內容也想拿來銷售，才轉變為紙本。」

問到紙本的A6尺寸是怎麼決定的。

「我們去逛書店，覺得市面上已經有很多一般尺寸、質感也好的書籍，我們自問有沒有必要做類似的東西？再加上，我們想傳達的內容是『日常』，如果能方便攜帶會比較理想，能放進小型包包更好。贏不了現有尺寸的書籍，那我們可以當『放得進小包包的書籍第一名』。」

#銷售 #通路

「《概念誌》的書有進入教保、永豐等大型實體書店，這些必須透過經銷商達成。小型書店則是由我們直接交易。事實上，比起在實體書店上架，我們更把力氣放在增加長期訂閱者，運用社群媒體直接銷售。我們的讀者通常

흙으로 빚어낸
일상의 아름다움

也是長期訂閱者，訂閱以半年或一年為單位，刊物每個月寄送。這樣經營下來，目前大約有四千名訂閱者，我們常在思考如何增加訂閱者數。早期會跟書店MD見面，但現在如果想在書店裡上架到好位置，就是每個月付費。以小型出版社而言，和書店MD開會變得不那麼具有實質意義。雖然我們也在思考怎麼讓實體書店的銷售成績好一點。」

問及目前流通管道是否以訂閱為主，金才珍的答案是肯定的。《概念誌》的讀者訂閱就占了銷售的八成。新冠肺炎爆發前為止，兩人都很積極參加書展、到各個市集賣書。然而，以付出的努力和時間來看，金才珍認為並不算有效率，反而透過社群媒體爭取粉絲更有效果。

行銷策略

《概念誌》以實體書店為管道之一至今超過十年了，但金才珍和金京熙感覺到時間一久，書店方不是十分願意做出新的嘗試，似乎無法產生新的火花。他們把心力聚焦在使用社群，也設計一些實體活動，例如和讀者見面交流、租遊覽車載著讀者一起去旅行等。

「實際上，這樣持續的溝通更快吸引到粉絲。」金才珍說：「此外，《概念誌》有很多讀者參與的部分。讀者可以投稿到官網，我們會挑選來稿收錄在下一期刊物。讀者會有『一起完成這份刊物』的感覺。原則上，我們會贈送文章被刊登的讀者每人五本書，他們收到後通常也會分送出去。透過這樣的方式，我們也得到回饋，讀者更了解《概念誌》在做什麼、想什麼。」

金京熙補充：「我們想和讀者一起製作刊物，所以幾乎每一期都可以從封底翻過來寫字，這個互動讓讀者有高度參與感。在韓國雜誌中，我們是很積極與讀者互動的。」

這對雙金搭檔也擅長於組織工作坊，最具規模的就是總編輯金京熙主持

的編輯培訓營，這個為了內容創作者所設計的課程已持續四年。另外有文案營、採訪營、企劃營、快樂生活營、克服低潮營等。

「有在考慮是否要經營 Podcast 或 YouTube 節目，但尚未著手進行。我們目前專注於維持網站、使用 Instagram 等。」金才珍補充道。

韓國出版市場現況

「先說，這問題很難回答。的確常聽到哪裡的書店關門了、哪家的刊物停刊了；相對地很少聽到哪家書店營運狀況越來越好、哪家出版社生意興隆。現實情況似乎是市場不再那麼充滿活力。話說回來，我們不是那麼在意市場興衰，反正我們也救不了市場，無論市場變好還是變壞，都得做好自己的工作。」

另外是我們想把目光放到出版市場以外，看得更寬廣些。我們做的書也就是一萬或兩萬韓元，我們思考的不是這一、兩萬元的書是否能賣得好，而是一、兩萬元還能做什麼？一、兩萬元可以看電影、聽音樂，或者吃頓飯，消費者為什麼要花這些錢買書呢？我們的視線聚焦在人的喜好——什麼東西賣得出去？書的優勢是什麼？消費者為什麼要把錢花在我們的書上而不是其他方面？我們經常這樣自問。

我不太在乎大家說出版景氣多糟，只想做好我們的產品。如果書店上架賣不好，那麼可以擺攤，擺攤再賣不好，就再想想別的辦法。我們專注於如何好好呈現《概念誌》。」

「這是你們努力不要受到市場影響的意思，對嗎？」

「對，加上大家總是說市場每況愈下，從來沒聽過景氣變好了這種話。就算在意，也做不了什麼。每況愈下之中，卻持續出現暢銷書、好書，我們也就是希望能成為其中之一罷了。總之，我們不會把心思放在市場景氣。」

賣得最好的書

金京熙拿出第八十一期〈靈感〉。

「我認為，這個主題無論是我們的讀者或一般大眾都很感興趣的。人們想要『有創意』，想知道從哪裡獲得靈感。這是某次在主題會議時，我們其中一位編輯提出來的，果然賣得很好。〈靈感〉裡含括了人氣網紅的訪談，也促使粉絲購買。我們有不少過期雜誌，基本上不會再刷，但這期太受歡迎。從銷售量來看，這是最成功的一期。另外，對我們最有意義的是第一〇〇期，在競爭激烈的市場，雜誌可以發行到一〇〇期真的不容易。讀者會把這一期拍照上傳，表達對我們的敬佩，這是很受喜愛的一期。」

紙本書與電子書

「一直都有製作電子書的提案和邀約，但我們也一路拒絕過來。原因是我們認為數位的平臺比較具速度感，適合影像類的作品，但如果想要慢慢傳達想法，需要給對方一些時間來思考時，書應該是更好的媒介，所以並不覺得有製作電子書的必要。相反地，我們的書如果數位化，價值就會降低了。」

「像Millie的書櫃⑰有來邀約是嗎？」

「我們也拒絕了。」金才珍鏗鏘有力地說：「想讀《概念誌》的話，請買紙本書吧。」

#跨領域合作

「我們沒有涉足過影片、電影或廣播等領域，單靠雜誌來維持收入並不容易，但是我們最擅長的就是內容創作，有些企業會主動聯絡，邀請我們幫他們製作品牌雜誌。比如，我們製作了三星內部的相關雜誌，或者替『今日之家』這個室內裝潢品牌製作書籍，還有咖啡品牌等……我們不排斥任何領域，因此案源不少，就透過這樣的企業合作賺錢。」金京熙爽朗地笑，「我們也去CJ集團⑱授課。現在幾乎每個公司都需要製作內容，我們能提供創作與編輯的培訓課程，所以承接了這方面的業務。」

開出版社前與後

雙金都沒有做過出版領域以外的工作。聊到開出版社之後的變化，金京熙答：「由於《概念誌》是以『好好生活』為主軸，與讀者分享過日子的各種面向和方式，為了要做這樣的內容，本身自然也會循著好好生活的方

⑰ 밀리의 서재，韓國的電子書和有聲書平臺。
⑱ 前身為三星集團的「第一製糖」，現為橫跨影視娛樂、物流、食品事業之集團。

向前進。如果主題是『去吃美食吧』，那身為創作者的我們當然也得去品嘗美食，若想建議讀者去欣賞美麗風景時，我們也會同步，自然地，生活也豐富起來。」

金才珍接著說：「而且做這本雜誌讓我們能認識很多美好的人物，學習很多事。每期的主題都不同，如果主題是咖啡，就得去探究咖啡的相關知識，主題若是行銷，我們就會去見行銷專家。這份刊物像是能遇見各領域專家的美好藉口，正如我們今天見面一樣。我們自己也會不斷成長。」

「兩位意見分歧時怎麼辦？」

「就吵架啊。」金才珍語畢大笑。「相對來說，我比較會從市場行銷的角度看問題，而總編輯則是從創作者和內容的角度——會有衝突和對立很自然。在衝突的過程中，我們會持續對話，在不會太傷感情的前提下，透過不斷地磨合來尋找平衡點。」

「這就是你們的辦公室維持適當距離的原因嗎？」

金才珍笑答：「對，我們辦公室隔很遠。因為我們經常有爭執。」

想一輩子做出版嗎？

雙金給了充滿肯定的否定答案。

「我們目前從事出版沒錯，但並不確定十年、二十年後仍然會繼續。我們不是因為喜愛書本或想投身出版業而選擇這一行的，而是因為有想要傳達的訊息——那就是我們希望人們的日常能更好一些，不是『每天都差不多』，而是『生活過得不錯嘛』這樣的正向意義。雜誌是我們選擇的媒介。不過，將來我們可能也會做 YouTube 或其他節目，而不僅是使用文字來說我們想說的話。持續做出版不是我們的目標，尋找更好的工具來傳遞資訊才是。所以實際上，並不會一直要做出版，當我們找到更適合的媒介，隨時可以不做出版。」

#推薦給臺灣讀者的書

金京熙指著第九十八期〈正面〉。

「我想推薦的書，對象不分臺灣或韓國，而是這個時代的所有人。九十八期〈正面〉關乎人的心態——我們過得好或過得隨便，經常取決於如何看待自己的生活。既然如此，何不用正面的態度面對生活，即使遇到不好的事，也能相信其中必有原由。帶著這樣的思維，無論怎樣都感覺得到幸福。針對臺灣讀者，我想推薦我們的每一本《概念誌》。因為我們探尋日常，著眼於韓國人真實的生活，而不是時尚或流行話題。如果對韓國的生活有興趣，《概念誌》整體就涵蓋了這樣的內容。」

Black CAMERA
Black CAMERA
CLOSE UP
Ar
chi
ve
12 DECEMBER
BRAND D
C NTENTS
BRANDED
CONT NTS
BR NDED
CONTE T
Dreaming book
Travel
planner

#看報表的心情

這題由發行人回答。

「我們首次在書店上架時，期待很高，以為書籍會熱賣，實際上並沒有達到預期。之後銷售量沒什麼變化，既沒有大幅增加，也沒有大幅減少。隨著時間過去，我們現在看到這些數字，並不會想太多。實體書店的銷售差不多就是這樣，不太會去深入思考。我們會思考書店之外的管道，更注意Instagram的追蹤人數是否持續增加，訂閱者是否在官網上有活躍互動等。《概念誌》裡沒有名人也沒有刺激的文章，粉絲成長速度很慢。早期有一小部分特別熱情的粉絲，帶給我們安慰，但這依然不能產生太多利潤，所以每個月都在思考下個月要怎麼辦。我們尋找能持續發行《概念誌》的資金來源，試過開書店等方式，經歷了幾次嘗試又失敗，差不多經營到第三、四年時，認真考慮停刊後，就通知訂閱者下個月起不再發行。

就在那時，韓國的化妝品品牌 Innisfree 寄了一封電郵過來，說他們在書店無意中看到《概念誌》，非常喜歡，考慮把公司的雜誌交給我們，約我們見面談。我們懷疑自己做不做得了商業性質的刊物，但仍然赴約。當時其實有兩、三組競爭對手，我們盡力展現優勢，也成功吸引到注意，於是展開和 Innisfree 的合作，固定收入就這樣產生。《概念誌》是這樣慢慢發展到現在的。

辦公室一開始也不是你們現在看到的這樣子。最初是一間小套房，放了四張 IKEA 的桌子。我們真心希望做出好雜誌，一路多方嘗試，碰見各種機會，本身的能力也逐漸提升。到現在的規模是職員五名，同時有固定合作的自由接案者，其中部分是離職員工以接案方式繼續共事。」

解壓與療癒

金才珍：「我每天早上都去跑步。大概到一、兩年前為止，不知道如何釋放壓力，每個月都有雜誌要發行，剛截稿完就又要追著下個截稿日，我就得通宵達旦工作，這讓我很生氣。壓力釋放不了，我就靠吃東西。結果當然是體重直線上升。某天我照鏡子發現自己看起來很糟——我做出這麼好看的書，自己卻變得不好看。就決定早晨去慢跑，最初只能半跑半走，現在經常去參加十公里左右的馬拉松。跑步可以產生很多能量。我們家附近就是漢江，常沿著江西區登村洞那一帶跑。」

金京熙：「我抒發壓力的方式是尋找新的經驗。從這點來看，我的工作和生活並沒有明確的分界。我需要替自己輸入新的東西，才能有輸出，所以會去探索生活的不同面貌，例如彈奏烏克麗麗，或者學攀岩。這讓我覺得煥然一新，暫時擺脫工作，也藉此得到靈感，懷抱著為讀者帶來新內容的心情，再度回到工作。」

至於兩人是否有共同進行的活動，金京熙答：「通常是去露營。身為公司負責人，休息日其實也在思考工作。這時我們會帶著簡單的露營裝備到漢江公園之類的地方待著，持續腦力激盪。」

金才珍說他們經常處在工作狀態，「我帶著 MacBook 四處寫東西就覺得開心。」

金京熙則是隨身攜帶 iPad，「無論我們兩人去哪裡，都在不斷地記錄和討論。」

「這樣不是沒有休息時間嗎？」

「是，也不是。我們一有閒暇就東想西想，例如之後要做什麼新嘗試？要住在哪裡呢？公司可以搬到哪裡？辦公室空間應該怎麼樣才好？看似一直在工作，但對我們來說是娛樂，一點也不乏味。」（聽完這段好像見識到了比夏民更工作狂或等級相當的人物。）

關於能給予慰藉的飲食，金才珍毫不猶豫回答咖啡，「附近有一家叫Pastel Coffee的店，職員都樂在其中的樣子，客人走進去會得到一句溫暖問候。看他們認真沖製咖啡讓我心情很好，喝一杯那樣的咖啡很療癒。」

「那總編輯呢？」

「……貴的食物。」金京熙的答案有點可愛。「而且越貴越好。高單價的食物中，我通常會選擇牛排。不是因為牛排太美味而帶來慰藉，是『我這麼辛苦工作，難道不能對自己好一點嗎？』通常截稿後或者完成了五週的工作

Optimal Fresh
Zone
Chilsung
Cider
ZERO

坊課程時，我會對自己說『辛苦了，吃牛排去吧』，像是給自己的獎勵，所以特意選擇昂貴的食物。不看價格而隨意用餐對我來說很療癒。」

「有煩惱時，會去哪裡散散心嗎？」

「我會去書店。去那裡不是為了思考工作相關的事，就像散步一樣，不太會買書回來，通常就看看書名和封面設計、看看人們最近關心的話題，不時會有些啟發。看到其他出版社努力出書，也是種良性刺激。這附近有教保文庫的合井店，當我有壓力和煩惱時，去繞一繞反而讓我獲得能量。」金京熙說完，金才珍也附和：「看到好的東西，自己也會想要做得好。」

問到喜歡的酒類和飲料、食物等，雙金像無法答題的學生般笑了出來。

「我們這部分太弱了，我只喝健怡可樂，頂多喝個燒啤。總編輯不喝酒，她喜歡奶茶。」兩人努力補充，說：「對了，我們常買香蕉牛奶跟職員一起喝，還有午餐和咖啡，為了拍攝而買的食材也都會分享——辦公室冰箱現在就有半顆西瓜要分著吃。」

第一次注意到《概念誌》是在二〇一九年，在首爾書展的獨立出版專區。第一眼先看到了攤位一片A6大小書本編織出來的溫柔色系：粉紫、鵝黃、草綠、淺灰、靛藍……當時我跟夏民都各買了兩、三本，夏民對文庫本非常有感，買了收藏；我則選了兩個吸引我的標題：四十八期「你生活中有休息時刻嗎？」、五十七期「對你而言，爸爸是怎麼樣的存在？」四年後再度遇見《概念誌》，雜誌本身有些變化，例如二〇一九年的版本在封底沒有讀者互動頁面，定價五千韓元；二〇二三年版本有讀者互動頁面，定價一萬兩千韓元。

一樓電梯前和大門旁都貼著「Mission Camp」的公司名稱。二十坪左右的辦公室裡，中央有至少八個職員座位，座位和大門之間有張會議用途的桌球桌，靠大門處有簡易廚房及茶水空間，發行人金才珍和總編輯金京熙的辦公室位於整個方正空間的兩端，面對彼此。

建華拍攝工作空間和發行人時，總編輯暫時先回到她的辦公室。

這時我隨口問了發行人，「如果到臺灣，會想去哪些地方？」

發行人陷入思考的那一、兩秒間，總編輯爽朗的嗓音從她的辦公室暴衝出來：「我想去《想見你》的拍攝場景！！！」

「對，我們之前很愛，」發行人笑說：「看劇那陣子還會在辦公室裡放音樂，全部的人一起唱片尾曲，手舉起來隨音樂擺動。」才知道 Mission Camp 除了有共享拍攝食材的辦公室文化，還有全員一起聽歌的快樂時光。

充滿動能的兩人，百分之百足以令人聯想到 Mission Camp 門口和雜誌封底固定寫的那句話：「我們每個月都會成為全新的人。」

連結資訊

🌐 missioncamp.kr

conceptzine_official

PVC

vol.2

EP4

〈紫色的門，山羊的頭〉

一頁出版・山羊 쪽프레스・고트 jjokpress・goat ｜

金未來 김미래、金泰雄 김태웅

實際採訪前，已先在首爾書展的固定企劃「BBDK 韓國最美的書[19]」遇見一頁出版的《最低工資》（*Salario Minimo*），這本書的裝幀設計入選二〇二三年的 BBDK。後來才得知，他們的出版品已經連續三年入選。

[19] 한국에서 가장 아름다운 책，二〇一七年開始的固定企劃展。

從書籍、Instagram 到工作室都充滿獨特視覺魅力的一頁出版，兩位負責人是總編輯金未來和發行人金泰雄。

出版社實際上分為「一頁」和另一個品牌「山羊」。二〇一五年，仍是其他出版社職員的金未來，和友人合作參加 Unlimited Edition。熟悉出版流程的她想做做看在傳統出版社不容易產出的書籍，便邀了朋友開始了新企劃「一頁書」，顧名思義整本書只有一頁，採用手風琴般的摺頁方式，內容是詩歌或小說，一頁出版的名稱就這樣誕生。

一頁出版的摺頁書當時印了兩百份在市集和小型書店販賣，定價四千韓元，讀者覺得很新奇，有些人會乾脆買兩份，一份自用、一份送人。

她著手這個企劃的想法是，書籍對人們來說是厚重的，不太會放手在書中塗鴉，所以想要試試形式很輕薄，但內容不那麼輕薄的東西。相反地，喜劇、漫畫或藝術等內容，若想以有分量的形式呈現，就以「山羊」出版。這次入選最美書籍的作品即是山羊出版，設計師姜文植說他的設計理念是：「對於把紙張當風味餐的山羊來說，我想做出一本山羊眼裡最美味的書。」

新企劃展開的兩年後，二〇一七年，金未來、金泰雄全職投入獨立出版。

#銷售 #通路

「大型書店、獨立書店、書展、市集、集資、快閃書店等都是銷售管道。如果是設計類書籍，也會在美術館販售——當時國立現代美術館先與我們聯絡。也會透過社群媒體接訂單。」金未來和金泰雄有種神奇的默契，同時說明，又彼此不搶話。「比例上來看，書展、市集、集資、快閃書店，等直接交易型（B2C）的占約百分之四十，大型書店占百分之四十，Your Mind[20]

[20] Your Mind 是數家出版社都不約而同提到的獨立書店，亦是 Unlimited Edition 的策劃方。

等小型書店占百分之二十左右。」

他們說的快閃書店，是不定期開放工作室，讀者可自由進出、選購書籍。

#行銷策略 #讀者

「我們不太用『這本書得了什麼獎、有多受歡迎』這樣的方式來宣傳，而是坦白說出我們覺得什麼有意思；社群媒體也不是像經營品牌粉專，而是跟使用個人帳號一樣，用比較生活化的口吻，不會想要說服誰，沒有太多修飾。」問到行銷策略時，金未來這麼回答。

的確，如果點進一頁出版 jjokkpress 或是工作室 Spineseoul 的限時動態，經常看到的是打球或街道拾景的影片分享，書籍或活動資訊也是圖片搭配背景音樂。

他們的讀者年齡層大多落在二十至三十歲，性別比例方面，從 Instagram

上觀察到的大約是女性約占六至七成，會有這種落差的原因，金泰雄推測是男性通常比較不會追蹤頻道，不容易成為固定粉絲。

聊到為讀者辦的活動，金未來說：「現場販賣書籍同時感覺到的是，我們的消費者通常不是純粹的讀者，很多是想成為作家和漫畫家等創作者的人，換句話說就是消費者和創作者之間並沒有很明確的界線。所以我們會舉辦一些課程、研討會或工作坊，內容是製作雜誌、漫畫或小說寫作等。來參加的既是我們的消費者，也是將來可能成為創作者的人。」

#韓國出版市場現況 #開出版社前與後

兩人一致認為市場現況越來越好了，也持續擴張中，尤其在獨立出版這塊。「像我們這樣從興趣和副業型態開始的，也能夠發展成主業，難道不是變好了嗎？」

開出版社之前，金未來先後在民音社（민음사）出版集團和集資平臺Tumblbug工作，金泰雄則是影劇和廣告的攝影工作人員。

從Unlimited Edition出發，過了兩年，讀者逐漸累積，隨著企劃項目變多、規模擴大，副業要跟本業並行越來越困難。他們才意識到如果要經營自己的出版品牌，就需要全部投入。金未來便離職，隨後加入的金泰雄則負責處理公司登記和商業登記證明文件等事務。

問到開出版社之後的變化。「比起當別人職員時好多了。」金未來說：「最好的部分是『不需要得到誰的允許』，事情可以簡單進行，也不用在同一場所長時間維持同一個樣子。」金泰雄則表示：「我的目標變得更明確。之前是電影攝影人員時，是去協助別人的角色；從事出版，從頭到尾都是自己主導，滿足感更大。」

目前賣得最好的書

銷量最好的是一九九三年發行的日本漫畫《River's Edge》（臺灣譯名是《我很好》），故事從九〇年代的高中生在河邊發現無名屍開始，作者為岡崎京子[21]。山羊買進版權後重新設計封面，由曾替BTS設計專輯封面的設計工作室操刀。「設計師是我們的朋友。」金未來默默補了這句。

A5尺寸，封面沒有書名或作者姓名等任何文字，只有漫畫主角的臉孔特寫，

材質是隨著光線閃著粉彩的雷射膜。他們現場販售時加了個巧思——不裝袋，而是黏貼上一組紙質提把，讓這本書看起來就像精緻的小提包。「韓國沒有這種黏貼式的紙質提把，我們是從日本帶回來的，買了幾千個！回程行李箱全塞滿這東西。」金未來說完哈哈大笑。

紙本書與電子書

一頁和山羊加起來，目前出版約四十餘本書籍，其中七、八成同時有紙本書和電子書；至於銷售量，紙本和電子書的比例大概是九比一。

初版一刷最少是五百本，但只印五百本的不多，通常是一千本，也曾經有一刷就印三千本的。再刷的比例大約占出版品的一半，「再刷需要些時間，

㉑ 也是電影《惡女羅曼死》原著作者。

大致上要一年後。」

夏民問到是否有做原生電子書，金未來表示：「沒有，我們經常舉辦展覽和現場販售，所以更需要紙本書。」

跨領域合作

授課方面，「會有美術館、機關學校或像愛茉莉太平洋集團這樣的公司邀請，我們也會去授課或辦講座，主題基本上是創作、編輯以及品牌建立。」

品牌合作則來自各領域，大約在兩人全職投入出版的轉捩點時，咖啡品牌TOP請他們製作咖啡的一頁書。還有針對青少年到二十幾歲的服飾品牌OIOI，負責了該品牌的創立十週年的紀念刊物。「以及一間叫日常實踐的設計工作室，像這樣創立品牌已五年至十年的單位，跟我們的情況頗為類似，打亮他們的品牌，我們也會得到力量，所以我們經常跟新品牌、獨立品牌合作。」

一頁的出版品會有些跟音樂有關的的延伸活動，例如描繪獨立樂團的漫畫《Poppies》後來跟 Standing Egg 樂團合作，「音樂廠牌聯絡我們，表示想製作漫畫裡的歌曲。後來由成立很久的獨立樂團 Standing Egg 做了兩至三首歌。這也可說是跨界合作。」《最低工資》曾跟弘大一家 Pub 合作，徹夜播放書中提到的哥倫比亞樂曲，提供哥倫比亞食物和酒。入選二〇二一年最美的書的《藍調筆記》（블루노트 컬렉터를 위한 지침）跟一間咖啡館合作，播放書中所提及樂曲的黑膠唱片。

 # 想一輩子做出版嗎？ # 想組個獨立出版聯盟嗎？

對於一輩子做出版，金泰雄淡然但肯定地說：「有趣的話就會繼續做下去。」

韓國目前沒有像獨立出版聯盟這樣的組織，聊到如果有的話是否想加入，或者成立一個時，兩人分別說只想做開心的事，沒太大的責任感，就算有聯盟可能不會加入，或即使加入也不會參與太多。

「有沒有趣這件事很重要。」金泰雄補充道：「如果像夏民這樣辦活動辦得有很趣的，我們應該會加入吧。」

#推薦給臺灣讀者的書

推薦的第一本書是《最低工資》。作者是目前居住在首爾的哥倫比亞人。原本在哥倫比亞擔任雜誌編輯，為了寫專題，二〇〇七年移居到其他城市當了六個月的勞工，領四十八萬四千五百披索的最低月薪，以當時匯率粗估，相當於新臺幣六、七千元。作者打工的城市是被稱為毒品之都的麥德林（Medellín），即美劇《毒梟》（*Narcos*）的背景城市。這本散文就是在談這段經歷（哥倫比亞版《做工的人》？），以及作者的價值觀如何發生巨大的轉變。

書名用原文 *Salario Minimo* 呈現，即最低工資之意。對此，金未來在書的後記寫道：「如果用韓文『最低工資』，那個微酸的汗味和南美的韻律彷彿就消失了。」其設計亦有巧思，書的封面用紙是可折蛋糕盒的紙質，內頁也是易泛黃的低價紙，氣質卻素樸淡雅；封面和封底的中央圖片凸起，有種讓人想繼續拿在手中的觸感。金未來說明用低價紙質的原因是「這是一本講最低工資的書」，書打圓角的理由則是比較不會折到，顧及諸多細節。

第二本書是關於獨立樂團的漫畫《Poppies》，第一集場景設定在首爾，第二集是主角回到故鄉濟州島。漫畫在韓國通常要透過 Naver 或 Kakao 等平臺，以網漫連載的方式問世。但作者是先在自己的社群頁面發表，接著與一頁出版合作，回響也相當不錯。紙本書問世後，才在網漫平臺連載樂團成軍前的故事。

블루 노트 컬렉터를 위한 지침
↓
오가와 다카오
SALARIO MÍNIMO
대한민국 육군 ROKA

poppies

#解壓與療癒 #看報表的心情

金泰雄坦言自己是不易感到壓力的類型，「不感到壓力的關鍵是平衡，我的平衡來自運動。例如運動員總是在運用身體，他們休息時會需要冥想這樣的靜態活動；而我們的工作是靜態的，休息時需要動一動身體。這種平衡很重要，一旦失衡，就容易受到壓力的干擾。」

金未來和金泰雄兩人都喜歡打籃球，常邀朋友去工作室對面的西江大學籃球場三對三。「未來比我早開始打球，而且更愛打球，她一週要去球場四天。」除外，金未來還會室內攀岩，金泰雄則上健身房、踢室內足球。

「談到壓力，我是這樣想的：生活中欠缺的部分必須設法去填滿，這是我喜歡運動的理由。出版工作很難設定競爭對手，而書籍從問世開始的整個過程中，目標設定也不容易。我的設計師或從事藝術創作的朋友也是這樣，缺

乏明確的數據時會感到焦慮，不知道自己身在何處，就像導航收不到訊號一樣。為了避免陷入這種不安，我們需要維持平衡。像籃球三對三，會有對手、可以一分高下。這就是為什麼我最近常勸周遭的人要運動，因為獨立工作者，比較不會和人直接碰撞，也沒有分數衡量。加上出版沒有絕對的輸贏，也沒有明顯的敵人，但投入一、兩個小時來場比賽立刻就能感受到。」金泰雄對於因應壓力和看報表的心態自有一套平衡哲學。

「看報表嘛，既然數字不會按照我的意願走，那我也不會放在心上。無法掌控的事情，不會讓我有壓力。夏民最初從事出版時，應該也不是因為有人認識他，但他仍然出了書。對我來說，最重要的在於是否在做想做的事。沒有

名氣、沒有政府補助也不會讓我因此不出書——當然能得到補助也會很感激。我不會執著於數字，偶爾或許會感到惋惜，但還是得繼續往前，為了做到這點，心理必須強大，身體也必須強健。」

談到療癒食物，金泰雄說是冷麵和餃子，「我爺爺奶奶是北韓人，他們在韓戰時期逃到南方來，小時候在爺奶家經常吃北方飲食，是熟悉的味道。」「未來她喜歡炸雞、披薩這類食物。不過，我們只是喜歡，並不覺得食物能帶來療癒。」

夏民問到酒類，金泰雄答：「對，我也喜歡酒，尤其是單一麥芽威士忌，沒有挑品牌。」

一頁出版工作室裡的角落，平放的書本疊疊樂和數瓶威士忌亂中有序地擺放在矮書櫃上，以及出版社空間較少見的物品，如棒球手套、籃球、各式球鞋。

工作室在一棟兩層舊式樓房的二樓，一樓是賣內臟湯和綜合血腸、豬脊骨湯的司機食堂，入口就在內臟湯三字旁邊，一道紫漆鐵門，色調甜美得與四周格格不入。當時還遲疑了一下該怎麼敲門，才能進入這異世界。

連結資訊

🌐 jjokkpress.com
◎ jjokkpress

뼈해장국
내장탕
식당

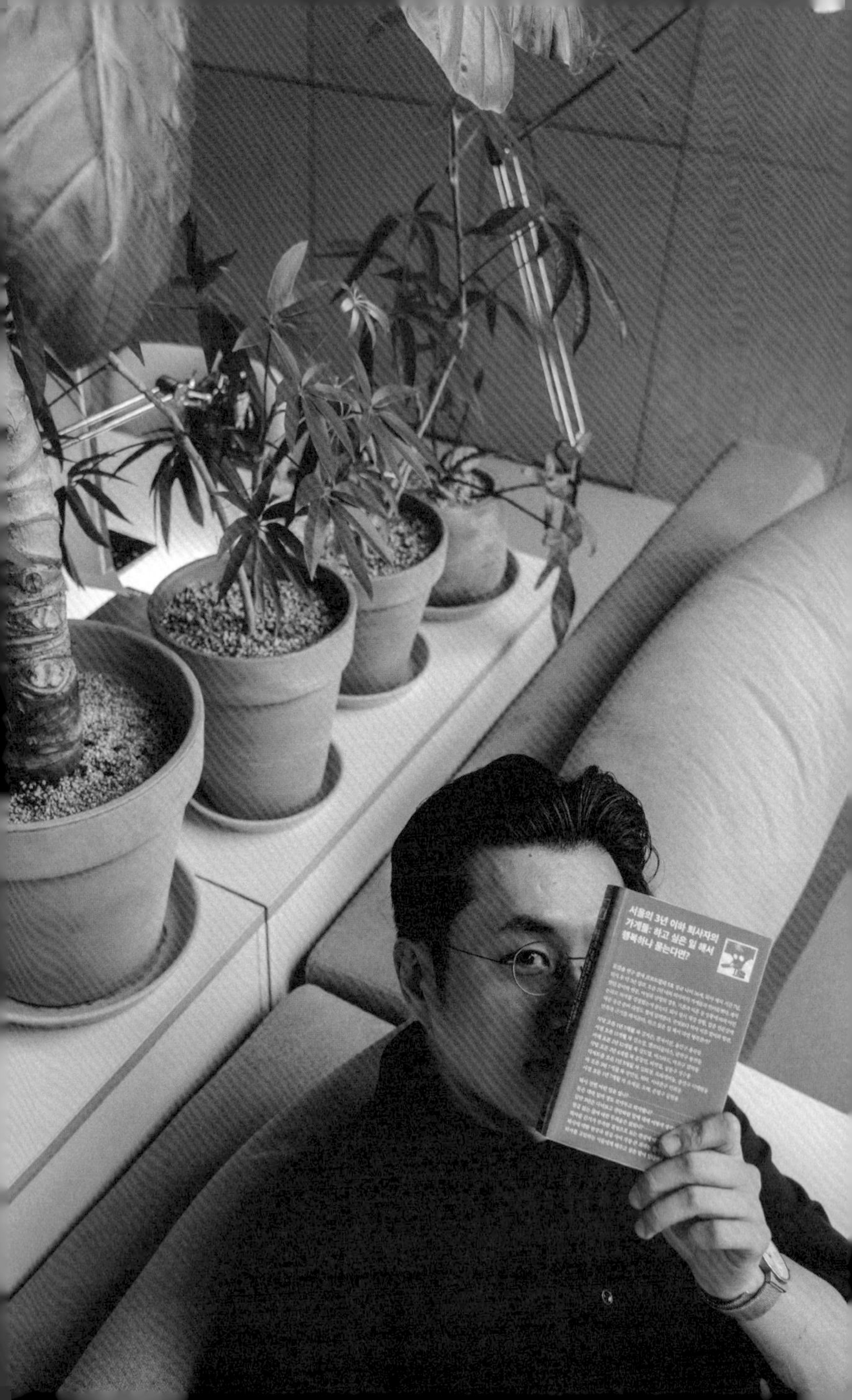
서울의 3년 이하 퇴사자의
가게들: 하고 싶은 일 해서
행복하냐 묻는다면?

EP5

〈優雅的獨立〉

在地店家研究誌 브로드컬리 Broadcally — 趙隹啓 조퇴계

第一次遇到Broadcally的出版品是在二〇一九年首爾書展。攤位上的書籍種類不多，乍看並無顯眼之處，但第二眼就被書封紅、黃、藍、白等不容質疑的單色，以及自成系列的標題——《移居濟州島後開店未滿三年：你發掘出想要的生活方式了嗎？[22]》、《首爾未滿三年的書店：賣書能維生

[22] 제주의 3년 이하 이주민의 가게들 : 원했던 삶의 방식을 일궜는가?

嗎？㉓》、《首爾未滿三年的麵包店：為什麼非得開一家在地麵包店？㉔》所吸引。書籍固定尺寸是一一〇×一七〇毫米，每本都超過四百頁的厚度，光看外表聯想不到是雜誌。

至於以「在地店家」為主題、「未滿三年」為系列軸心，Broadcally總編輯趙隹啓說：「我採訪過的個人店家經營者，幾乎沒有人自認過得很幸福。但電視節目裡呈現出來的經營者都過著很酷的生活，做自己想做的事，那樣的形象可能會令消費者不自覺低估店家所提供的服務，因為經營者看起來是在玩樂罷了。所以我想做從店家角度出發的內容／媒體，讓讀者了解經營一個空間並站穩腳步終究不是簡單的事。」

創刊號於二〇一六年誕生，推手有四人，趙隹啓負責企劃、採訪和撰寫，另有設計、攝影和編輯。四人各有各的工作崗位，只有製作期間會密集合作兩、三個月。

他自己也在二〇二二年四月開始了空間經營，是二十四小時開放的共享辦公室，八個舒適座位出租，每人每月費用四十萬韓元，約新臺幣一萬，可共用辦公設備、精緻的茶水咖啡檯，以及高樓層的大玻璃窗景，並恪守「共享空間、分享想法但不共事」的原則。

#銷售 #通路 #電子書

「區域書店方面以直接交易為主，書店大約有一百五十家。我和經銷商雖有簽約，但他們只負責倉儲和運送，訂單由我直接管理。優點是可以跟書店保持較緊密的關係，策劃讀書會等活動時，也常和書店聯繫交流。這麼做能

㉓ 서울의 3년 이하 서점들：책 팔아서 먹고살 수 있느냐고 묻는다면？
㉔ 서울의 3년 이하 빵집들：왜 굳이 로컬 베이커리인가？

節省中間手續費的倉儲物流費用，平均一個月三十至四十萬韓元左右，訂單量大時，一個月的費用曾經達到一百萬韓元。」

趙陮啓表示，剛開出版社時，網路書店並非他的通路首選，因為從「在地店家」的觀點出發，他更希望獨立書店成為主要銷售管道。不過，獨立書店多集中在首爾、釜山等大城市，對於居住在兩大城市以外的人來說，大型網路書店幾乎是接觸獨立出版品的唯一管道，他這才開始和 YES24 和阿拉丁網路書店的合作。

「後來做電子書也是同樣的原因，本來只

打算出紙本，讀者提議之後，我考慮一陣子。現在 Millie 的書櫃、RIDI、阿拉丁等平臺都可以買到 Broadcally。」

談到印量，Broadcally 通常首刷是兩千本，出到第三期雜誌為止，消化掉首刷都需要好一段時間。到了第四、五期，發行當天就賣完了，後續也累積到四刷，所以第四、五期大約都有八千本的銷售成績。

行銷策略

聽到行銷策略的提問，趙隹啓先說自己沒有做什麼行銷，主要是心力有限，想專注在製作有魅力的書籍。「再說，製作一本好書，讓讀者在閱讀完後能夠在社群媒體上發表感想，我認為這是最好的行銷。所以我努力創造出書籍很好拍的條件，例如書的尺寸不大，放在咖啡杯旁邊剛好，書封也選擇明亮的顏色，內文會有部分是大粗體字，都是為了方便拍照上傳。」

夏民提到 Broadcally 把目錄放在封面是很好的做法，趙隹啓回應：「對，書擺在那裡，讀者看到後伸手拿起來翻閱是需要精力和幾個步驟的，我們的書封設計替忙碌的現代人省略了這些步驟，他們只要動一下眼睛，就能得知書的大概內容。」

「我想說明一下，Broadcally 不是以有閱讀習慣的人為目標讀者，而是以對某個主題有興趣的人，例如首爾書店或移居濟州島，即使平時不讀書，也可能因為對主題感興趣而拿起書。」至於沒有設定目標讀者這點，他說曾有前輩表示「這樣書沒辦法做得好」。

「有個算是行銷元素的部分，那就是書封設計一致，起書名也在相似的脈絡下。每當新書推出時，有連貫性的前作就會一起擺出來，連帶一起銷售。書尺寸偏小的原因之一是考慮到陳列，因為不太占空間，書店會更願意把整系列放到架上。其實今早也有書店來聯絡，要進二〇一六年出的第一本。」

趙隹啓從內容發想、標題到書封設計的思考相當細緻周全。「與其取個搶眼的書名，我認為有記憶點比較重要。『未滿三年』讓讀者容易記憶，到了書店或上網搜尋時就算不記得完整書名，只要說出未滿三年就能找得到。另外，這系列都是同一款設計、同一作者，這樣的穩定性質會讓喜歡其中一本的讀者購買前後幾本。」

#韓國出版市場現況

和前面四間出版社一樣，趙隹啓表示對市場現狀並不在意，因為影響不大。

「Broadcally的內容是針對特定主題感興趣或想深究的人，與市場的整體趨勢不太一樣。整體市場也許有些萎縮，但獨立出版市場卻在增長，讀者群也持續擴大。獨立出版為主的書展在韓國大約有十個，每年都有五到十次規模大小不一的書展。」

目前賣得最好的書 # 推薦給臺灣讀者的書

Broadcally刊物中最受歡迎的是《離職後在首爾開店未滿三年：做了想做的事，你幸福嗎？㉕》，內容關於受訪者辭職後經營自己想要的店家。「這本書賣得很好。這幾年雖然討論辭職的書很多，但這本書探討了受訪者在實際面怎麼過日子，因此能引起共鳴。」

㉕ 서울의 3년 이하 퇴사자의 가게들：하고 싶은 일 해서 행복하냐 묻는다면？

趙隹啓也觀察到，最近大眾對辭職這個關鍵字已不再那麼感興趣。原因是，對千禧世代而言，辭職不是平常的事；但對於更年輕的MZ世代[26]，辭職是很自然的，轉職或創業也越來越常發生。

這本同時是他想推薦給臺灣讀者的書。

「有兩個原因。一是《離職後在首爾開店未滿三年》是做得最好的一本，我本不是個寫字的人，辭職後才開始的，邊做邊學，所以最初寫書緊張，做書也緊張。但累積幾次經驗後，逐漸減少修飾，能更坦率寫出我的想法，寫作風格穩定下來，整體也有了信心。二是，人會不自覺把焦點放在生活較晦暗的部分而感到沮喪，同時透過社群媒體看到別人過得很好而羨慕；看到有人毅然辭職創業，會覺得對方充滿勇氣、過著精采人生，相形之下困在公司

---

[26] M世代與Z世代的合稱，指於一九八一年至二〇一〇年之間出生的人。

的自己似乎很落魄——但這本書不是這樣的，在書中讀者可以看到每個人有自己的生活方式，並且用自己的方式解決問題，我認為這讓人更能感受到自己生活的珍貴。有些人在讀了這本書後決定辭職，相反地，也有人打消辭職念頭、珍惜現在的生活。」

書中有七位受訪者，七個人的思路和做事方法皆有差異。書中並沒有所謂的答案，而是描述了辭職後經營店家的愉快時光和面對的困難。趙隆啓認為，這樣忠於事實的內容正是獨立出版能做的——較小規模的團隊、製作成本較低，可以更勇敢地呈現真相。「如果花了很多錢來製作一本書，就需要賣得很多；要賣得多，你就必須給人們一些希望或幻想。我敘述的僅是事實，雖然不一定能暢銷，但能夠傳達對某些人來說很重要的資訊。」

＃開出版社前與後 ＃看報表的心情

趙隹啓自大學起就喜歡探訪別具特色的在地店家，尤其是咖啡店。當時他已決定將來職業是分析師，畢業後也如願進了證券公司。工作近一年，雖然有趣，但他發現生活只剩下工作，其他事都做不了，「我生活的兩大主軸只剩一個」，便動了離職的念頭，也很快就實行。但初期財務並不穩定，兩年間曾以家教為副業，來維持收支平衡。

夏民分享了出版社初期看報表時感到的壓力，趙隹啓聽完，用隹啓式的平靜語調和表情回應：「我確切記得當時開出版社已經第三年，二〇一七年的十二月，我點開報表，看到二十九萬元（約新臺幣八千元）的瞬間，淚水就『唰』掉下來了。我甚至不覺得悲傷，淚水就落了下來。數字是最真實而客觀的回饋，這件事我第一次深深體認到。我自認三年來盡了一切努力、投入所有熱情，卻是這樣的數字，才意識到要以此維生可能很困難，也產生放棄的念頭。」

「銷售報表真的很重要。做出版當然會希望我們是被需要的，但數字就是那麼殘酷，好像我在做的事情對這個世界是沒有意義。」夏民回應。

「我也這麼覺得。」趙隌啓接著說。

這件事改變了他兩個想法：一是分工，二是如何看待金錢。「我把編輯、設計、銷售分工出去，不再一把抓。再來，獨立出版基本上是在做自己喜歡的事，因此可能會認為『賺錢』比較次要，但我認為要放到前面，或至少跟想做的事並列；做喜歡的工作卻賺不到錢，工作就失去意義了，要兩者兼顧，找到兩者的平衡點。如果有人問我做出版覺得最快樂的事是什麼？我會回答『賺到錢』，這讓我感到很有意義。因為我想講述的內容是有價地傳達給了某個人。」

他也補充經營共享辦公室的主因，是自己長期在家工作，覺得效率越來越低，便動了有要辦公室的念頭。「通常共享辦公室是房東委託專門公司管

理，而我在荷蘭看到的模式是沒有固定管理者，使用者共同分擔費用、訂立規則，也更減省費用，創造很好的共享文化。我把這種模式學回來，也會去江原道、濟州島等韓國各地參觀其他共享空間。」

趙陏啓說，從事獨立出版之後發現，財務造成無法持續或團隊解散的情形很常見。「因此我的想法是，追求出版的獨立性就等於要在花心思在財務的獨立性，不動產和出版看似不相關的兩件事，但能夠安穩使用一個空間，卻是維持獨立出版非常核心的部分——當你苦於金錢，就沒有創意可言。」

#想一輩子做出版嗎？

答案是肯定的，因為有樂趣。

「而且書沒有保存期限，不會腐壞，只要保管得好，可以一直賣下去。它們到了讀者手上就是一本新書。」

解壓與療癒 # 推薦食物 # 酒

趙隹啓坦承沒有工作以外的解壓方式。「我喜歡的事就是到處走訪店家，如今我的工作和嗜好結合，所以沒有特別需要釋放壓力。我對於新出現且受歡迎的店家特別有興趣，例如不怎麼好吃卻大排長龍的連鎖店，我會想知道造成這個現象的原因。」

「有沒有考慮到臺灣做《未滿三年》系列？」

「當然有，走訪並分析店家的興趣不限於韓國。」他一本正經地說：「我想，如果以後火星上也會有人類開的咖啡店、餐廳等，那我也會想要去火星採訪。」

問到推薦的食物，他說「現代化韓食」（모던한식），一般外國旅客會去嘗試所謂傳統韓食，但現代化使用有別於傳統的料理法和擺盤，呈現對於韓國食材的新鮮概念，他希望大家試一試。推薦的酒則是來自忠清南道禮山郡的「秋史 추사40」，禮山盛產蘋果，此酒是用橡木桶熟成的蘋果蒸餾酒。

我們走進趙隆啓的個人辦公間，看到桌上擺了藥菓和咖啡，杯盤與叉子擺設整齊得驚人，有條不紊的還包括他電腦旁十二瓶酒和色彩鮮明的書籍。

連結資訊

broadcally_mag

主空間裡綠意盎然，充滿活得很好的植栽，共享辦公室的名字 House of Green。

講個 TMI 吧，趙隹啓的名字來自朝鮮中期學者李滉的號，李滉也是韓圜千元紙鈔上的人物。

오스틴 김
Contralto
서영택
Leggiero Tenor
이동규
Countertenor
포르테나
운명처럼 만난 세상에 없던 하모니, 왜 이제야 만났을까
팬텀싱어4 포르테나팀 팬연합
Wedding
감사합
예쁘게
새신부
음주영
새신랑
이동훈
06.10 SAT PM 2:30 삼성역 1,2번 출구 더그랜드힐
(1번 출구 셔틀 버스 항시 대기

autumn

PRISM OF
Farewell My Concubine
26 spri

EP6 〈一個人的武林〉

三稜鏡 프리즘오프 PRISM OF — 柳真善 유진선

《三稜鏡》電影季刊如果平放在架上，絕對會令人目光停駐。即使乍看封面並不曉得內容為何，也會被風格鮮明的封面設計逼得拿起來翻閱，如果正好是喜愛電影的人，很高機率會買下這本雜誌。

「一期一電影」是《三稜鏡》貫徹的核心，一年四期，所選電影除了當年度的主題外也會跟四季有關，例如二〇二〇年春季號是《第凡內早餐》

（*Breakfast at Tiffany's*），二〇二一年夏季號是《仲夏魘》（*Midsommar*），二〇二二年秋季號是《末路狂花》（*Thelma & Louise*），二〇二三年冬季號是《情書》（*Love Letter*）。

內容切分為「Light of、Prism of、Spectrum of」三個區塊，以光線經三稜鏡折射的過程為解析電影的概念，第一區塊是寫電影前的相關知識，第二區塊是電影本事，第三區塊如同折射後的色散現象，可能包含觀眾意見調查、影評等，對這部電影的回應。

創刊號誕生於二〇一五年，當時發行人柳真善還是大學三年級。「那年雜誌市場有滿大的變化，老牌雜誌逐漸消失，沒有廣告頁面的新雜誌紛紛出現。我和我所屬的世代其實都不太看雜誌，所以我不是刻意選擇做雜誌的，最初是想把喜歡的電影記錄下來，在思考和嘗試的過程中，發現這樣的紀錄自然就成為了雜誌。」

二〇一六年，出到第三期時，成立了出版社，同一年也受邀到新加坡參加藝術市集。固定成員兩人，發行人和總編輯。二〇一九年為止有內部的撰稿人和設計師，二〇二〇年開始轉變為特約撰稿群，設計則交由外部的設計團隊。

每一期的電影基本上由柳真善和總編輯共同決定，她們列出很長的電影清單，再根據春夏秋冬，以及當年度想討論的主題來確定哪些電影比較適合，例如女性主義、身心障礙，同時考量和韓國社會有連結的議題。

「因此，我們會在年初公布今年要討論的四部片。像二〇二三年是張國榮過世二十年，華語電影中我們原本就想做《春光乍洩》或《霸王別姬》，錯過二〇二三年，想找更好的時機點就難了。」

的確，柳真善在二月中旬公布了二〇二四年的陣容，分別為：第三十期《楚門的世界》（*The Truman Show*）、三十一期《怪物》（*Monster*）、三十二期《媽的多重宇宙》（*Everything Everywhere All at Once*），和三十三期《新小婦人》（*Little Women*）。

偶爾會製作特刊，這樣一年就有五期。像《分手的決心》（헤어질 결심）是新冠疫情以來，在電影產業衰退的情況下引起觀影風潮也備受喜愛的作品，柳真善便主動聯絡電影公司，製作了特刊。

行銷策略 # 紙本書與電子書

問到行銷策略，柳真善笑著拋出的第一句話是「我的雜誌沒有過無名時期」。

「第一期印了五百本，兩、三個月內賣完。《三稜鏡》的平面設計引起不少注意，加上『一期一電影』的設定對於電影愛好者格外有吸引力，臉書或 Instagram 的宣傳也相當順利。雖然沒特別擬定行銷策略，但相對特殊的一

PRISM OF
Midsommar

點是，三稜鏡到二十七期為止都有集資，會預先呈現平面設計，在集資的一個月期間盡可能讓該期電影的粉絲得知消息，這方式對於聚集忠誠度高的讀者也有幫助。」

包括封面在內的整體平面設計是創造銷售佳績的功臣。創刊後換過兩次設計師，排開來能看出三種不同風格，前期較為內斂，後期華美；即使是同一位設計師，紙質或印刷方式會因期而異。中後期開始，柳真善採取「訂閱制＋雙封面」的方式，即每期雜誌分為一般通路的封面，和僅有訂閱一年以上的讀者才能擁有的限定版封面；以二十六期《霸王別姬》為例，一般版封面是霸王項羽，限定版則是虞姬。

也因為這樣的特色，三稜鏡自然是全紙本發行。「電子書版本反而不利，會讓消費者覺得想買隨時能買到，少了消費動力，帶來的缺點大過於優點。」

#銷售 #通路 #庫存

「三稜鏡每期印量約兩千至五千本，五千本的情形是原本就已經相當有名的電影。每一期平均兩年左右會賣完，賣得快的大約一年半，慢則三年多。我不會急著要讓每期銷售一空，就是慢慢賣而已。」

柳真善表示，大致上沒有庫存問題，反而有時會接到讀者要求再刷的訊息或來信。但原則上，雜誌不會再刷，賣完就等於絕版。「我不會特別想再刷，這麼做其實對行銷是有助益的。況且，再刷也不能保證就有銷售佳績。」她笑著補充說：「絕版的《三稜鏡》在阿拉丁的二手書平臺很受歡迎，其中第五期《下女的誘惑》（아가씨）的二手價格是五萬韓元（約新臺幣一千兩百五十元），可以當作投資商品。」

#韓國出版市場現況

柳真善認為，出版市場和雜誌市場其實不太一樣，如果只談雜誌市場的話，她開出版社這八年多，雜誌不斷出現又消失，留存下來的大多特質鮮明。「的確很多人說雜誌這樣的媒體已經瀕危，但我認為不能說人們不再看雜誌。確立目標讀者、抓住讀者的脾胃，這種雜誌的銷售量並沒有大幅衰退。」

她也透過到海外參加各個獨立藝術書展的經驗，提出自己的觀察。「韓國讀者跟其他國家比較不同的地方是，『可閱讀』的書自然喜歡，同時也喜歡『可觀賞』的書——也就是能滿足視覺享受的。裝幀精美的、設計獨特的，可作為收藏品的書籍，韓國讀者很願意花上幾十萬韓元，就像看到喜愛的品牌周邊或聯名商品一樣。我認為這種消費特性對獨立出版市場的成長有很大幫助。」

二〇一九年為止，人們看待《三稜鏡》的角度還停留在「獨立出版界裡不錯的雜誌」，但到了二〇二三年，《三稜鏡》已成為韓國第二大電影雜誌——柳真善爆出了這個驚人事實：「韓國銷量第一的電影雜誌是韓民族集團下的《CINE21》，第二就是《三稜鏡》。如果在獨立書店買到我們的雜誌，可能會認為這是獨立出版品；但如果在大型書店購買，可能會誤會我們是具有一定規模的出版社，甚至不時會有人投履歷過來。」

柳真善說明為何一間甚至沒有固定辦公室的出版社是韓國銷量第二高的電影雜誌：「《三稜鏡》這幾年的確成長不少，同時其他電影雜誌也消失不少，也就是說第一和第二的落差變大了。另一方面，也許能說獨立出版和商業出版的界線模糊了，或者說我接近了那條界線。」

「我沒有出版或電影相關背景和經歷，電影雜誌、電影公司、片商等，都沒有。就是以獨立出版社出發，到現在的規模並穩定下來，《三稜鏡》算是相對特殊的。我認為可當作獨立出版市場的好案例，原因可能是韓國的市場環境，或是韓國獨立出版整體成長了很多。」

推薦給臺灣讀者的書

「因為是華語圈的電影，所以我想推薦十五期的《重慶森林》和二十六期的《霸王別姬》。其實我們雜誌深入滿多歷史背景和社會議題的，例如《重慶森林》的第一部分介紹了香港從被割讓到二〇一九年的反送中示威，《霸王別姬》則介紹了歷史上的項羽到中國的文化大革命。視覺方面，《霸王別姬》的設計應該有臺灣讀者熟悉的元素，即使不看文字也會滿有意思的。」

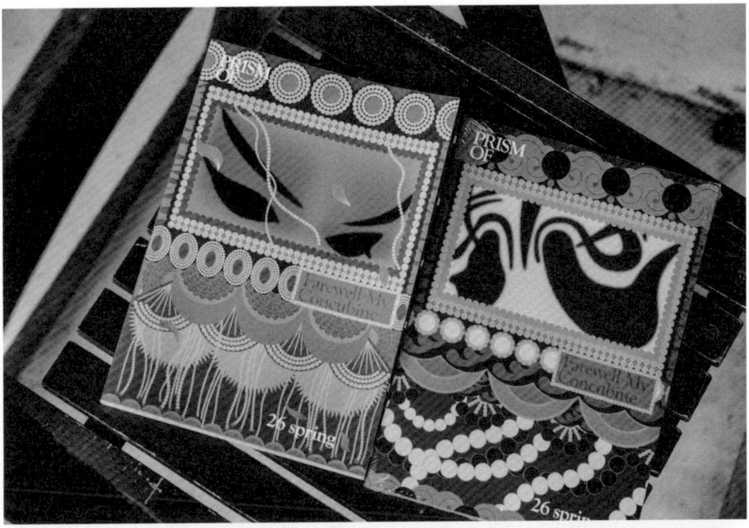
PRISM OF
Farewell My Concubine
26 spring
PRISM OF
Farewell My Concubine

PRISM OF
Shoplifters
万引き家族
20 fall
OF
Shoplifters
20 fall

柳真善提到，《重慶森林》除了探討王家衛的電影之外，較特殊的一點是以「香港的前與後」作為本期概念，前半是華麗的香港，後半的圖像則側重近十年的民主化運動，文字部分涵蓋了參與示威的香港年輕人如何看待電影《重慶森林》。

至於為何會想到採訪香港年輕人，起因是《重慶森林》在韓國二、三十歲的族群相當受歡迎。她描述的現象頗有意思——「這來自對『復古』的喜愛，讓韓國的年輕世代對香港有一種『不存在的鄉愁』，明明並非自己出生或經歷的歲月，卻充滿懷念。不過香港的年輕人對《重慶森林》這部電影的看法是無法引起共鳴，或認為那是完全消逝而且不會再回來的時代。我會在這期最後放上這段訪談，是想呈現韓國和香港年輕世代看待這部電影的差距。」

跨領域合作

柳真善表示沒有什麼跨領域合作，「合作大多是電影公司或片商來邀約，要宣傳某部電影。或是我們主動提出想探討某部電影，《三稜鏡》是影評雜誌，所以製作前不一定需要知會電影公司、片商，或支付版權費用。我們很少使用宣傳海報，主要以設計圖像為主。但為了避免不必要的誤會，我會先表達想製作怎樣的內容，麻煩他們提供協助。」

開出版社前與後

柳真善大三開始做雜誌，所以實際上沒有待過一般職場，頂多是兼職和出版社的事同時進行。

問她開出版社後有哪些變化，「生活整體都變了。原本是喜愛電影才踏入這領域的，但變成我的職業後，看電影不再是放鬆的時刻。現在對於電影，就算沒有要做成雜誌內容，也會慣性地用工作的角度去看，似乎不像以前一樣全心沉浸在一部電影裡。」她指著出刊目錄，說：「雜誌探討過的電影我都不會重看了。如果再看，總會覺得懊悔，想著『我當時怎麼沒想到討論這部分？這場景應該要拿出來講的……』。雜誌出刊後，也不會重看，因為會一直看到沒做到的缺憾。」

她也提到人生似乎就跟著雜誌走了，因為一年四期，年末會決定下一年的電影，因此日程計畫的估算單位是雜誌的期數，生活事件的記憶方式不是某年某月，而是哪一期的電影。「這會讓我覺得時間過得很快。」

 # 解壓與療癒 # 隨身物品

柳真善說沒有特別的隨身物品，就是手寫的筆記本。「本來想寫成美美的日誌，但跟個性太不相符，最後變成雜亂的綜合型筆記，混合著生活瑣事和工作發想。我比較圖像化思考，例如會用賓果的形式面對每天的待辦事項，連成一條線就獎勵自己一千元，集滿三萬元就可以買個禮物給自己。」

問到是否有喜歡的食物，即問即答的她陷入這次採訪最長的沉默，接著問：「你聽過『五都二村』（오도이촌）嗎？就是五天待在都市、兩天在鄉村的生活模式。我在束草租了個靠海的套房作為工作室，窗戶打開就能聽見海浪，常聽著海的聲音，一邊工作。或者會帶著露營椅去海邊坐著放空，當

嘗當地的東西，這樣的時間對我來說就是療癒。而且我希望可以漸漸四都三村，再達成二都五村。」

「有其他動態的活動嗎？東草是衝浪聖地，也很多人去江原道登山。」

「不會，」她秒回答，「我超級討厭運動。」

INTJ，一九九二年生，主修英美系，副修新聞系的柳真善，外表看起來是個有型有款有想法的二十幾歲，實際上帶點反差地，是個自由和自律兼具，執行力極強的雜誌發行人，她透露目前正規劃做第二品牌，即《三稜鏡》的英文版，製作成姊妹雜誌，打算在歐洲和英語系國家發行。在首爾沒有專用辦公室的她和我們約在孝昌公園站附近的咖啡店，坐露天座，在來往人車聲中完成採訪，結束後一起去了烤肉店，不談工作也不談電影地吃了頓美味的晚餐。

連結資訊

🌐 www.movies-matter.com

◎ prismof_magazine

WELLTZ
TOWER
현진상가
autumn

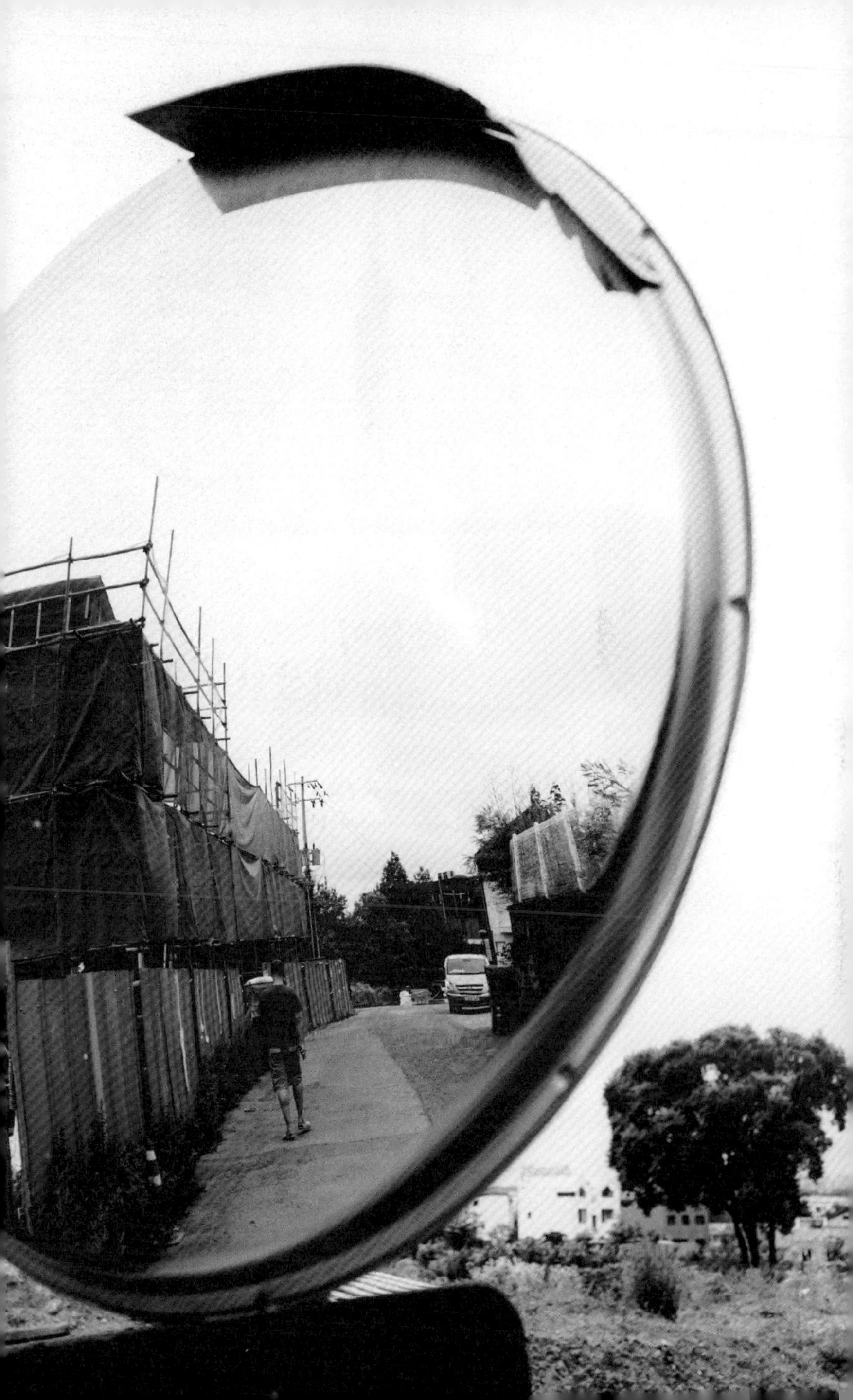

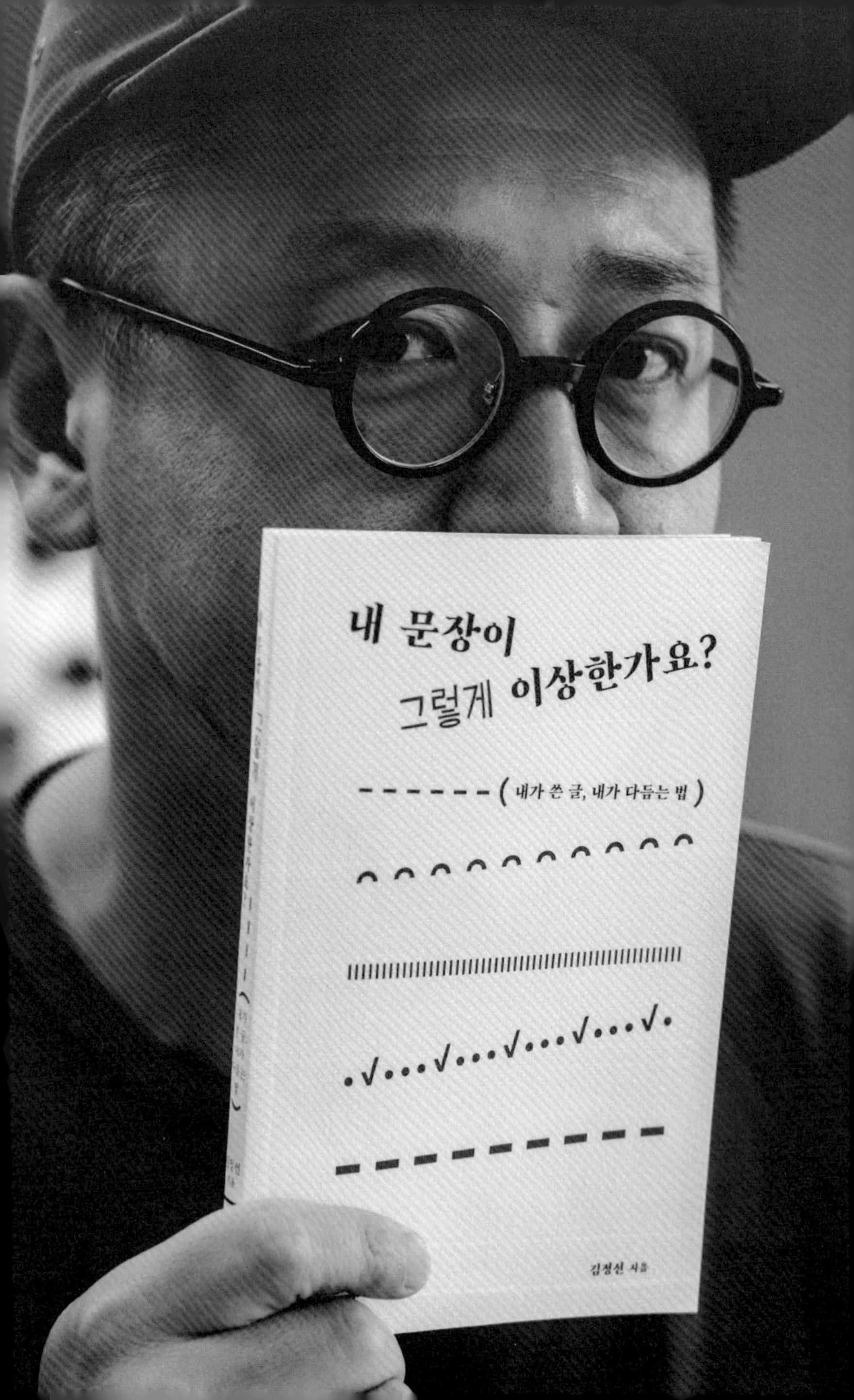
내 문장이
그렇게 이상한가요?
내가 쓴 글, 내가 다듬는 법
김정선 지음

EP7

〈經營一家出版社的方法〉

悠悠出版社 유유출판사 uupress ｜ 趙成雄 조성웅

小而扎實，趣味盎然。這是悠悠出版社的品牌標語。

書系採取高度集中化的主題，專攻社會人文。「但社會人文知識也很廣，我不可能什麼書都做得好，所以把範圍縮限到三個關鍵字：學習、經典、中國。」發行人趙成雄說。「其中主軸是學習的書系叫做『花生文庫』，因為花生它既是果實，也是種子，這是我從一本中文書看到的，覺得這意象很好，便拿來做書系名稱。」

花生文庫系列的書名一律是「……的方法」，例如《賣書的方法》、《圖書館旅行的方法》、《提問的方法》、《移居鄉村的方法》、《和身心障礙人士一起生活的方法》、《和孩子一起研讀歷史的方法》、《創作自媒體內容的方法》、《挑選生活良品的方法》等。編輯、遣詞用字、翻譯、做書、出版社與書店經營主題也不少。初期較多交融經典與中國兩者的書，如解讀老莊孟子、三國志，也探討中國歷史。其中包括多本楊照的著作，如《對決人生：解讀海明威》等現代經典細讀，以及《超越國界與階級的計謀全書：戰國策》等中國傳統經典選讀。

封面設計幾乎都出自同一位設計師，經年累月形成一款悠悠式的風格，在書店架上看到不難一眼認出是誰家的出版品——鮮明但不刺眼的色塊為底，加上簡潔的線條或撞色的幾何圖形。加上一一五×一八八毫米的規格化尺寸，頁數多則近四百頁，少則兩百頁以下，固定使用再生紙。

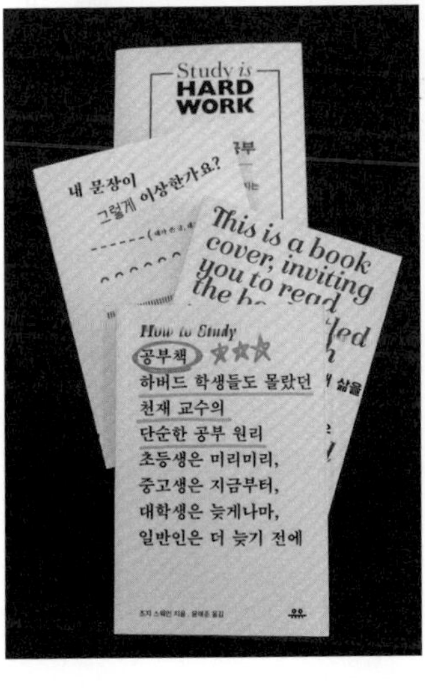
Study is
HARD
WORK
내 문장이
그렇게 이상한가요?
This is a book
cover, inviting
you to read
How to Study
공부책
하버드 학생들도 몰랐던
천재 교수의
단순한 공부 원리
초등생은 미리미리,
중고생은 지금부터,
대학생은 늦게나마,
일반인은 더 늦기 전에

趙成雄於二〇一二年創立了出版社，彼時的形式和規模是獨立出版，十二年後的今日，固定有四位同事分別負責編輯、社群、行銷等事務，截至二〇二四年二月為止已有兩百二十二本出版品，目前每個月大約出兩本新書。

#銷售 #通路 #紙本書與電子書

悠悠的初版平均印量是兩千本，再刷的比例占四至五成。網路書店通路主要是教保、YES24、阿拉丁三家，由負責行銷的同事直接聯繫和進行交易；實體區域書店一部分直接往來，其餘則透過經銷商 Booxen 在釜山、晉州、順天等全國各地書店鋪貨，新書鋪貨數量平均為五百至六百本。「以比例來看，首都圈的銷售還是占大多數。」

電子書則交給專門的代理公司 Rolling Dice，電子書製作後，會協助在 Millie 的書櫃和 RIDI 等平臺上架，同時管理，也會定期報告銷售數據，出版社方則支付銷售收入的百分之十。

「除非有特殊原因，悠悠的出版品一律會製作電子書，只是比紙本晚一週或十天上架。也有電子書先行的情形，通常是行銷方面有必要時。銷售量的比例上，紙本占九成，電子書一成。」

行銷策略

趙成雄說悠悠沒有特別顯著的行銷策略，「我們規模不大，必須善用社群媒體，所以在臉書、Instagram 或 X（推特）都開了專頁，基本上採用符合 Instagram 圖片尺寸的字卡來傳達資訊。實體新書活動當然也是有的。」

出版社創了一個「悠悠黨」，入黨有贈禮，悠悠黨員可以每個月收到新書。趙成雄嘗試了這種養粉方式，他說這個發想是來自像 Netflix 這樣的 OTT 服務。的確有粉絲會在 YouTube 分享身為黨員的好處。「但我最近在思考這是否要做下去，不是很確定。」

問及是否有影音類的行銷計畫，他表示目前沒有打算做 podcast 或 YouTube，那要投入太多心力了。

#跨領域合作

跨領域合作並不多，不過近期和文具公司聯名，在首爾書展期間推出福袋，例如《寫日記的方法》這本書就會搭配日記本和筆。

#開出版社前與後 #想一輩子做出版嗎？

趙成雄大學讀中文系，也曾在中國西安學過中文。畢業後在紀錄片製作公司工作了三年。開出版社前，曾在三家不同的出版社當過編輯，做書做出興味，決定自己開出版社。在另一家出版社擔任編輯的妻子也支持他。出版社穩定下來後，便從首爾市區搬到京畿道坡州。「剛開出版社那時，所有事都要自己來，所以忙得焦頭爛額的。二〇一六年開始有了幾位同事之後，為了好好經營下去，加上要養家，要考慮的事情變多了。」

對於是否想一輩子做出版的提問，他回答：「目前為止都覺得做書很有意思，應該會做下去。」

目前賣得最好的書 # 推薦給臺灣讀者的書

《我寫的句子有那麼奇怪嗎？》（내 문장이 그렇게 이상한가요？）是悠悠出版社目前賣得最好的書，截至二〇二三年六月為止已四十三刷，銷售十二萬冊，在YES24被標註「強力推薦」，曾在國內綜合圖書類前十大霸榜三週。就韓國人常出現的遣詞用字問題一一釋疑，很適合一般讀者或編輯、譯者閱讀。

想推薦給臺灣讀者的書是《扎實的英語學習》（단단한 영어 공부），從內容如第二章〈超越以母語人士為中心〉、第三章〈不是輸入，而是體驗〉可得知內容側重學習心態。「韓國人從小到大都很難脫離要把英語學好這件

事，卻比較少去思考外語該用什麼方式學習，我想這本書對臺灣讀者應該也有幫助。」

#看報表的心情

「一喜一悲。」趙成雄用中文描述每天早上進辦公室時確認訂單的感受，「訂單多時喜，少時悲。整體上，銷售數字是漸漸下滑的。」

#解壓與療癒 #隨身小物 #療癒場所

感覺到壓力的時候，「就睡覺或散步。平時十點至十一點就睡覺，清晨五、六點起床，我老家在江原道，父母務農，所以從以前就養成這樣的生活習慣。」而有煩惱時，他會去離住家不遠的尋鶴山（심학산），走到山頂眺

望四方。

療癒食物則是啤酒和牛血解酒湯㉗，「有時是喝了酒想吃，有時就純粹想吃。」

「有隨身小物嗎？」總覺得問出了不是太恰當的問題。因為趙成雄發行人整體的灑脫氣質，不像是會帶著什麼的人。答案也的確是爽快的：「除了手機錢包之外，沒有。」

㉗ 선지해장국，稍微類似牛血版本的豬血湯，通常和蘿蔔葉乾和豆芽煮成湯飯，可作為正餐或解酒餐點。

悠悠位於坡州出版特區，卻跟主要的建築群保持了一段距離。出版社在獨棟建築的二樓，周圍沒有其他房子，有高大樹木和能遮蔽視線的草，繞了一陣子都找不到接近那棟建築的方法。夏民開玩笑說這簡直是《綠野仙蹤》的翡翠城。不過，這樣的地理位置某種層面也透露了悠悠對於自身定位有種內斂且穩固的信心。

趙成雄呈現了一個人起步的獨立出版社可以成長到小而扎實的出版社型態，十二年來出版的書籍像他帶我們去吃的江原道馬鈴薯丸子湯（옹심이），外表簡樸，滋味鮮醇。

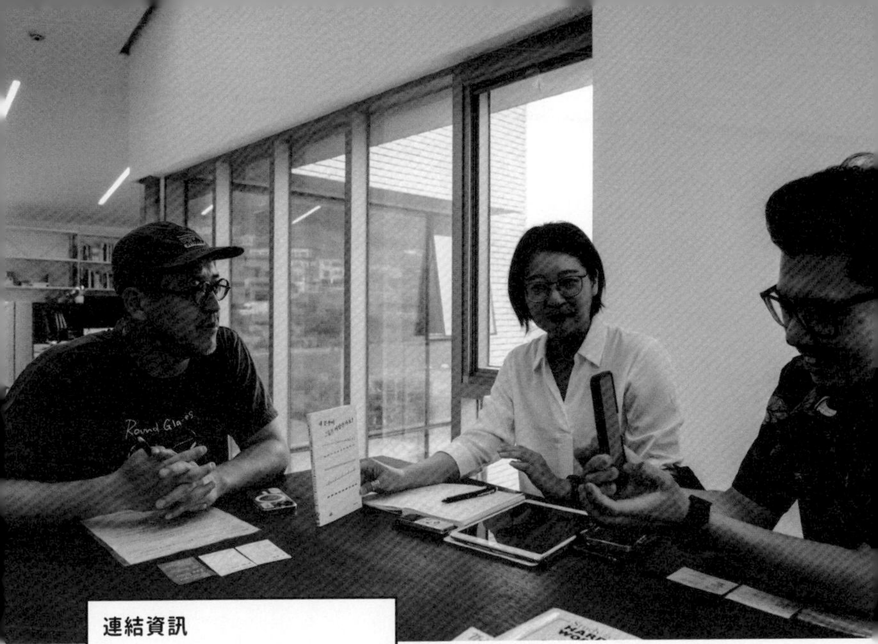

連結資訊

🌐 linktr.ee/uupress

uupress

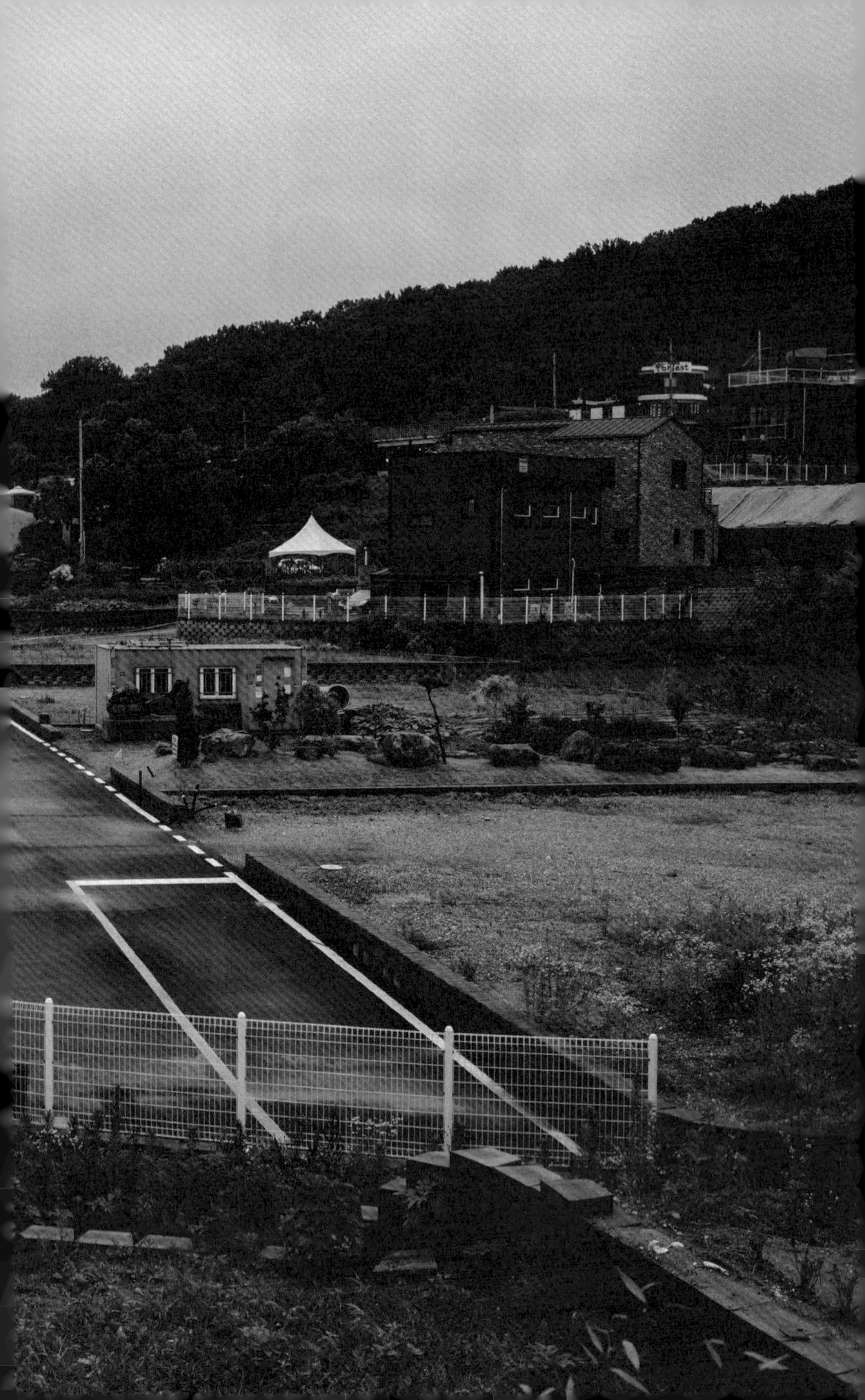

악어 노트
구묘진
장편소설
방철환
옮김
鱷魚手記
NOTES OF A CROCODILE
몽마르트르
유서
蒙馬特遺書
LAST WORDS FROM MONTMARTR
邱妙津

EP8

〈酷兒的夏日高陽〉

動詞出版 움직씨 oomzicc publisher ｜ 羅拏綻 나낮잠、魯柔多 노유다

動詞出版社在二〇一九年的五月二十四日出版了邱妙津的《鱷魚手記》韓文版，那天也是臺灣同婚專法的法案正式生效的日子。兩年後，《蒙馬特遺書》也在韓國上市了。這兩本的譯者方哲桓是發行人羅拏綻和總編輯魯柔多兩人的大學姊，九〇年代曾在臺大念中文研究所。邱妙津不僅是她們和大學姊連結上的促因，也是我們在二〇一九年首爾書展認識動詞的接點。

羅癸綻和魯柔多畢業於中央大學文藝創作系，二〇一五年開了出版社。「身為創作者，我們想要真正說出所思所想。寫了《大象假面》（코끼리 가면），無論是編輯、設計或行銷方面卻沒有適合的出版社。當時韓國還沒有Me too運動，市面上也不太有酷兒相關的書籍——尤其是酷兒為自己發聲的內容。我們和這世界在戰鬥，試圖掙脫什麼，感覺就像電影《末路狂花》衝下懸崖的那一幕，彷彿是在創造世上未曾有過的東西，如此的驚險感。」

動詞目前一年出版約二至三本書，翻譯書居多，初版一刷通常是兩千本，新冠肺炎期間大概是一千本，再刷時會少一點，再刷的比例約百分之五十。

「今年首爾書展銷售成績還不錯，賣得最好的仍是《鱷魚手記》，讀者也認得我們，知道動詞是會在書展出現的出版社。」的確，去逛獨立出版區時，也看到魯柔多正在應讀者之邀在書上簽名，攤位一直都是熱絡的。

#銷售 #通路 #紙本書與電子書

動詞的書在阿拉丁、YES24、教保和永豐文庫等大型書店都有上架。和小型書店原本都是直接交易，書也由動詞寄送。不過，由於中途碰上了排斥 LGBTQ+ 的獨立書店，以及想抹上對 LGBTQ+ 友善的色彩，但實際上並非如此的書店。「並不是獨立書店就一定會對酷兒友善。」也因為一些出版界的性別暴力事件而跟出版社、書店產生紛爭或誤會，動詞後來決定透過經銷商 Booxen 和韓國出版合作社來鋪貨。

「轉換的過程確實有點苦澀。」魯柔多坦承，也提到比起自己寄送，透過經銷鋪貨的書本較容易受損，但的確有此需要。「回頭想想，我們認為這樣的過程是很自然的，也正面看待這樣的轉變。」

動詞對大型書店、獨立書店、經銷商進貨價格分別為定價的六五折、七

折、六折。至於各通路銷售量的比例，「一直都在變化，但大致上教保文庫網路書店的成績通常是最好的。之前和獨立書店直接往來時的銷售量也相當不錯，獨立出版社和獨立書店的交流和共生是很好的事沒錯。」

動詞出版品中，約七成會有電子書版本，多由韓國出版文化產業振興院（한국출판문화산업진흥원）補助電子書的費用。「製作都是交給獨立接案者，上架部分是我們自己和RIDI、阿拉丁等各平臺聯繫。」紙本書和電子書銷售量比例大約是八比二。

問到會不會想加強電子書，魯柔多答：「目前會想把剩下沒做成電子書的三成做出來，但不會把重心放到電子書。女權和酷兒的紀錄、歷史等資料，希望還是有紙本這樣的實體留下，同時也是因為我認為紙本書的需求並沒有降低。」

動詞對於有聲書的製作也有興趣，但尚未動手。「我們想嘗試有聲書，製作費用的確很可觀。詢問過業者，對方的建議是小規模的出版社沒有必要在這部分燒錢。」

 # 行銷策略 # 周邊商品

出版的經費會透過 Tumblbug 平臺集資。「我們很重視近距離溝通（가까이 소통），例如文案或標語，我會在社群上用投票的方式徵求讀者意見。」羅拏綻說道。她們也會問讀者怎麼知道動詞的，多數回答「朋友介紹」或「在讀書會有人推薦」。另外有個現象是，「喜歡邱妙津的讀者，通常也會再買艾莉森・貝克德爾（Alison Bechdel）的書，反之亦然。」

「用腳行銷」的動詞出版社勤於參加全國大小書展和性別議題的活動，如規模最大的首爾國際書展、Unlimited Edition、濟州書展，以及仁川女性主義節、仁川酷兒文化節、大邱酷兒文化節等，之後還會去參加全州圖書館主辦的活動。

動詞會透過直播和實體聚會持續和讀者互動，經常參與的大約三十名。例如在麻浦區的書店劇場拉伯雷（서점극장 라블레）舉辦了臺灣酷兒文化之夜，聊邱妙津的兩本譯書。平時的讀書俱樂部也會擇日在辦公室舉辦，新冠期間則轉為遠距。

讀書會之外，動詞也組了個「鱷魚俱樂部」（악어클럽），名稱出處是邱妙津書中描述的聖誕舞會，她們以此為名把聚會化為現實，吃純素飲食、聊聊天，或者出櫃。「純素是因為酷兒吃素的比例頗高，而純素也是種相對少數的文化。」這樣的實體聚會曾在鷺得書家舉辦，位置在漢江上的鷺得島，漢江大橋橫越島上，西側是汝矣島，現為綜合文化空間。或像去年底，她們運用了 Gather Town 這種虛擬空間舉辦聚會，以虛擬替身聊天。另有不定期的 Instagram 直播，例如播放音樂或朗讀書籍內容。辦公室裡有適合直播的沙發角落和網美燈等設備。

一直以來，動詞有不少搭配書籍或活動的周邊商品或贈品，便好奇詢問如何決定製作什麼商品。

「周邊商品跟我們出版社本身的特質，以及酷兒的喜好、生活習慣相關。不希望商品淪為華而不實的擺設，最後就是丟掉而已。所以做了菸盒——滿多酷兒抽菸的，當然還有火柴、打火機。這也因為希望和書內容有關，像邱妙津常描寫抽菸的場面，《鱷魚手記》裡也有停電時為了點蠟燭而找火源的片段。而開瓶器則是希望大家聚會時使用，會連帶想起動詞出版社。出版《歡樂之家》（*Fun Home*）這本書時，我們製作了指甲剪，因為剪指甲對女同來說很重要。」

 # 韓國出版市場現況 # 政府補助

「整體景氣好不好會影響銷售嗎？」她們的答案是肯定的。另一方面，「趨

動詞出版 움직씨 oomzicc publisher │ 羅拏綻 나낮잠、魯柔多 노유다

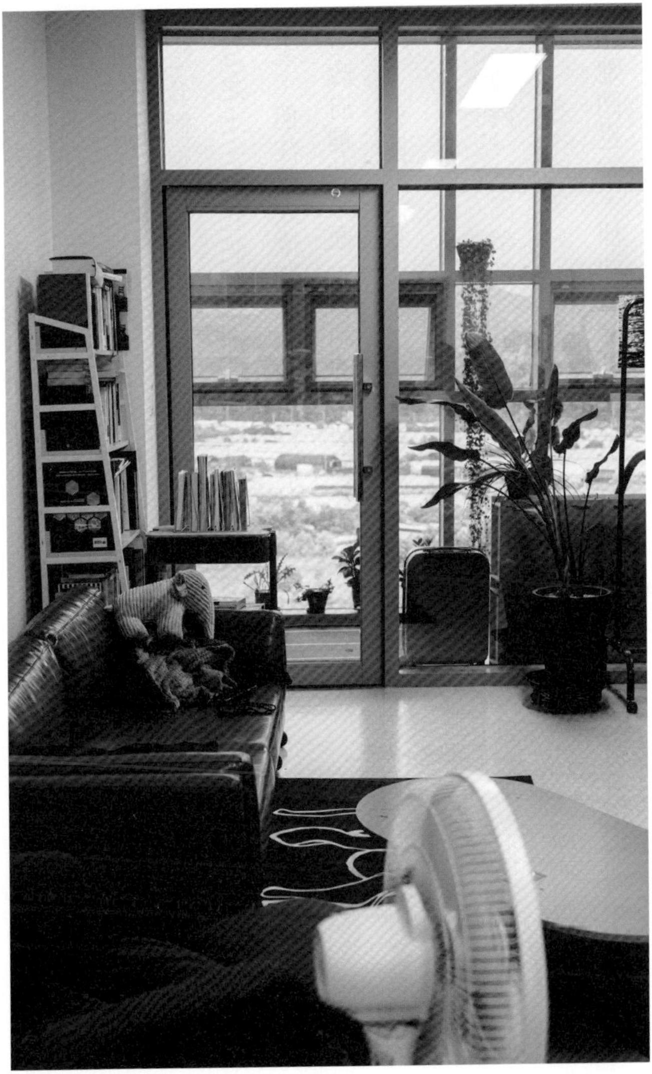

勢也帶來影響，例如二〇一六年起女權和女性主義的議題重新啟動㉘，連帶相關書籍熱賣。」新冠也重造了一種環境，打破原本依賴實體活動賣書、建立關係的模式。

「我們很想回答出版社經營狀況很好，但今年首爾書展的業績比去年少了百分之十。但我們一直都是抱持希望的，反對LGBTQ+的保守派也許聲量很大，但注重人權的團體一樣會用力發聲。」

政府補助方面，動詞的《初戀》曾在二〇一八年入選「世宗人文科普圖書」，韓國政府每年會選出八百至一千本圖書，購入後送至各地圖書館。她們坦承入選是意料之外，「《初戀》是酷兒主題的童書，作者是斯洛維尼亞的布拉內・莫澤蒂奇（Brane Mozetič）。「好像只有那次得到韓國政府補助。」魯柔多笑。「不過，我們發現，後來漸漸都有酷兒主題的書籍入選。」

她們也說，補助金拿不拿得到，多少會因審查委員替換而有不同結果。

再者，即使所謂的保守或進步政權更迭，也不代表誰會比較支持LGBTQ+的權益。即使在政治和政策光譜上較為注重少數族群權益的前總統文在寅，也曾在候選人時期公開表示：「同性戀是私領域的問題。」「同婚的議題沒有社會共識，在此情況下我反對同婚合法化。」

魯柔多指出，在韓國，無論用執政黨或在野黨、左派或右派、進步或保守來區分，他們在LGBTQ+的議題上沒有顯著差距。但以二〇二三年六月大邱酷兒文化節，國民力量黨㉙市長洪準杓以「非法占用公共道路」為由，帶了五百多名警察到場。「以這種情形來看，保守政黨反對LGBTQ+的力道更強。」

㉘ 指的是江南站殺人事件所帶來的後續效應。

㉙ 국민의 힘，現為韓國執政黨。

THE
SECRET TO
SUPERHUMAN
STRENGTH
PURPLE GIN

게시물
THE

目前文化體育觀光部對出版相關的補助持續減少，韓國文學翻譯院也刪減了補助金額。

目前賣得最好的書 # 推薦給臺灣讀者的書

動詞目前最受歡迎的書籍是《歡樂之家》，至於想推薦給臺灣讀者的書，魯柔多說：「這問題好難回答，我全部都想推薦耶。」

「滿想把韓文版的《鱷魚手記》和《蒙馬特遺書》推回臺灣。不過得知現在臺灣的 Me too 正如火如荼，所以想推薦以 Me too 為主題的《大象假面》。」《大象假面》是動詞的第一本書，內容為韓英對照。作者從兒少性侵的經歷出發，以小說敘事，描述光腳走在漢江邊的「我」，遊蕩於幻覺與記憶之間。故事中，創傷並非單純被視為痛苦，而是在這趟旅程中，能牽引出希望和生存意志的一部分。

另外，艾莉森・貝克德爾寫的圖像小說《超人力量的秘密》（*The Secret to Superhuman Strength*）也是她們想分享的。內容是作者身為女性從小到大，六十年人生中所挑戰的各種運動，既是「女性的運動」，更是一種「女性運動」，同時諷刺並批判了保守政治。

「這次首爾書展，總統夫人在動詞的攤位買了這本書。」魯柔多補充，「她先看隔壁關於動物權的攤位，好像是不經意地逛來我們這裡。」

「第一夫人買書有帶動你們的銷量嗎？」

「嗯……沒有耶。」魯柔多回答完後又大笑。

開出版社前與後 # 想一輩子做出版嗎？

「現在的人好像不太使用『酷兒』二字了……」魯柔多說，提到這詞彙時，人們的直接反應多是「蛤？什麼？」

「但酷兒相關的著作權交易價格變得很貴，我們幾乎負擔不起。」魯柔多不避諱談為難之處。「還好提到酷兒、酷兒文化、動詞出版社，人們是漸漸知道的，讀者會回饋說我們的書很有趣，有了這樣的變化。世上的文化藝術價值觀是以異性戀為中心，但我看到脫離這種中心的趨勢，友善的視角逐漸打開。不考慮出版社經營會更好或者壞，總是要朝人權和文化藝術方向前進的。話說回來，動詞這八年持續做書、賣書，也生存了下來，讓我們了解到『原來動詞在市場上是有價值的呀、是有讀者群的，讀書人口是真的存在，

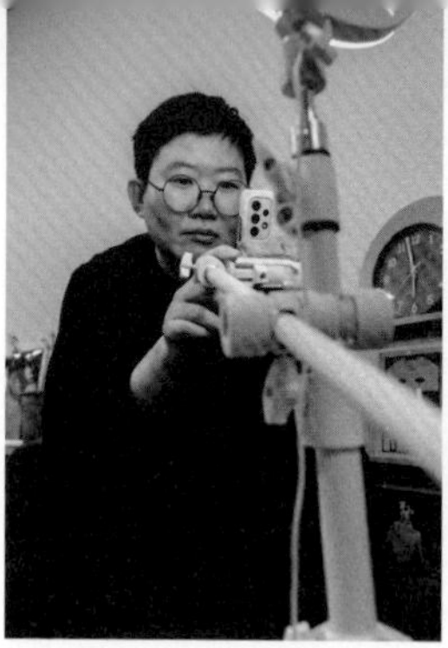

還有我們是被需要的啊』。所以說……獨立出版在做的事，難道不是一件不得了的事嗎？」

魯羅二人剛開出版社時的心情是「沒人做的，我們來做吧」，當時被質疑為什麼要出酷兒書籍？賣得出去？會有讀者嗎？但八年後的現在，她們從讀者回饋中得知，讀者讀了動詞出版的書籍，也踏進了文化相關產業，如平面設計、編輯、行銷等。他們會分享工作的事，例如向上司提議自己真的想做的內容。魯柔多認為這是開出版社後根本的變化。

問到兩人既是同事也是家人，工作和生活是否能有所區隔呢？

魯柔多的回答既在意料之內也在之外。「我們的生

活其實和出版是同一件事。因為最終都要推動同婚合法化，這樣到了要面臨死亡的那天，我們才能以家人的身分互相陪伴，替對方辦後事。同婚合法牽涉到的不僅是婚禮，更是葬禮。彼此相愛的關係裡，能哀悼是非常重要的。對於這件事可能無法達成的恐懼，我們是用大量工作來克服的——持續出版好作品，持續活動。」

上一段話讓空氣結了點凝重的水氣，魯柔多又話鋒一轉：「但工作量太大好像就沒有日常生活了——基於這點，我們稍微減少工作，試著自己做飯吃，然後為了誰洗碗而吵架（笑）。」

羅拏綻說：「之前沒有辦公室時，工作和生活更是無法區隔。」

她們沒有固定的上下班時間，甚至原本的下班時間是午夜十二點，直到近期才改成傍晚六、七點下班，實行「能夠吃晚餐的生活」，雖然在家還是會繼續處理出版事務。

「那有辦公室規則嗎？例如在辦公室不討論家務事？」

「沒有，完全沒有規則。我倒希望有。」魯柔多大笑。

採訪幾乎是在魯柔多爽朗的笑聲，和羅拏綻淺而靜謐的笑意中完成。明明裡頭揉雜著經營一家酷兒獨立出版社難免的困頓與憂愁。魯柔多彷彿讀到了我心中的疑問，說：「之前希望呈現給讀者的是我們把出版社經營得有聲有色的樣子，把這個當作優先目標，現在想法變了——我們笑的樣子，經營得很快樂更重要一些。」

「那會想一輩子做出版嗎？」

「目前我們擅長的以及能做的事，似乎就是出版。不過，某一天如果適合退休的時機到來，比如說有後進接棒了，我們也覺得該把事情交給年輕一代去做的時候。我跟拏綻也聊過，退休後想去人不要太多的海邊，度過晚年。退休後，說不定就在海邊開間小書店，賣動詞的庫存書！」又笑成一片。

 # 解壓與療癒 # 隨身小物

羅拏綻的療癒食物是燉泡菜鍋（김치찜），魯柔多是辣炒魷魚（오징어볶음）。兩人喜歡的酒是煙台高粱酒。

聊到解壓的方式，拏綻是做瑜伽，以及和柔多一起沿著高陽市的昌陵川走路。魯柔多有陣子壓力大，靠踢拳擊（kickboxing）紓解，最近回歸到散步。

「有煩惱的時候會去什麼地方？」

「我們會去住家附近野貓聚集的地方餵貓。從家裡去書展時和今天上班接受你們採訪時都有遇到牠們。身為酷兒，總會遇到歧視和一些不公平待遇，常有被排除在外的感覺，和貓在一起的時候有種互相安慰的感覺。」

「有隨身小物嗎？」

有。是兩人手腕處的刺青——柔多的是漢字「象鱷拉子」，把她寫的《大象假面》和《鱷魚日記》結合；拏綻的是頭顱上有頂王冠的圖樣，來自紐約塗鴉藝術家尚－米榭・巴斯奇亞（Jean-Michel Basquiat）的作品。

那天逗點三人是在午餐各喝了一碗馬

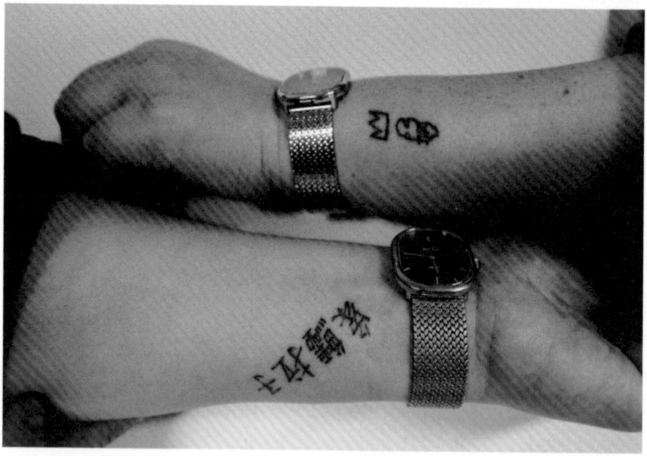

連結資訊

www.queerbook.co.kr

oomzicc

格利的狀態，前往動詞出版社位於京畿道高陽市的辦公室。邊吃著她們準備的麵包，採訪間交換近況，織起細絲線般的連結。感受兩人舉手投足間都散發著淡淡的愉快氣息，那種愉快似乎來自了解自己擁有什麼、缺乏什麼，也確認在生活的有與無之中，要往哪個方向前進。

차량
진입
가능
밧데리

삼원로1길
Samwon-ro 1-gil
자동문,강화유리문,폴딩도어

교보생명

EP9

〈艾蜜莉創世紀〉

詩冊出版 파시클 Fascicles — 朴惠蘭 박혜란

詩冊出版的書籍中，最為人所知也最受歡迎的是艾蜜莉・狄金生（Emily Dickinson）的詩選，目前共五本，由發行人朴惠蘭親自翻譯。狄金生的詩多半沒有詩題，五本詩選的書名皆由詩句中挑選出來，如《永遠無法回來的物事》（절대 돌아올 수 없는 것들）、《我的花既近且陌生》（나의 꽃은 가깝고 낯설다）、《我是群芳之中唯一的袋鼠》（모두 예쁜데 나만 캥거루）等。

二〇二三年的首爾書展，詩冊出版就有兩場活動。「這次我申請的活動都通過了，本來以為頂多辦一場而已。加上有讀者願意來幫忙顧攤位，讓書展活動都順利完成。」一場是談書會「艾蜜莉・狄金生─我來讀你寫給她的信」，講者是韓國非常活躍的女性主義者和文化評論家孫希定；另一場是女性漫畫家的採訪紀錄《接著就爆發了》（그리고，터지다）的作者朴喜貞簽書會。

詩冊出版以文學為基底，聚焦女性和人權議題。如《公司消失了》（회사가 사라졌다）是關於身處停業和解僱危機的女性勞動，作者朴喜貞在韓國是非常著名的勞工運動記錄者，由她和朋友共同撰寫。

《乾癟的樹木總有一天會開花吧》（앙산한 저 나무에도 언젠가는 잎피갯지）則收錄了慰安婦倖存者金福東奶奶的畫作，以及作者金址炫看了畫作後，以詩文和繪畫來撫觸金福東奶奶藏在畫作裡的記憶和情感。

二〇一六年成立出版社，目前有十二本出版品。即使不多，都有相當的重量。

「我真的是一個人的獨立出版社。」朴惠蘭強調與其他出版社相比，自己是業餘人士。

她是譯者，也曾在大學教英美文學。當時艾蜜莉・狄金生的詩在韓國還未廣為人知，她的課程主要教小說，狄金生僅是其中一、兩個小時的內容。

「我翻譯了很多文學作品，但沒機會翻譯狄金生的詩。後來心想可以試一試，翻譯後，我拿給教我畫畫的老師看，老師讀了譯詩，便畫出她的感受，我就依此製作了插畫詩集。基於那是一本小小的書也體現我們創辦出版社的初衷，出版社就取名為Fascicles，意思是一小束、分冊。加上東亞裝訂書籍的古老方式，像《論語》並非單卷，而是由多卷構成，每一卷就稱為fascicle。狄金生在世時幾乎沒有出過書，她將自己寫的詩手工製作成冊，

後來研究學者稱之為『詩冊』。我讀的也是『詩冊一、詩冊二』這樣的書。」

接著朴惠蘭想試著製作正式一點的單行本詩集，第一本書《永遠無法回來的物事》就這樣誕生了。她做出了興味，漸漸擴大主題，每年製作一、兩本書，並舉辦讀書會。

#銷售 #通路

相較於實體書店的通路，詩冊出版的書籍在網路書店賣得更好。「即使同樣是教保書店，大部分人似乎是透過網路購買。」朴惠蘭指出。

詩冊出版參加首爾書展已是第二次，讀者反應也很好，甚至比幾個大攤位還受歡迎。初版一刷通常兩千本，從二刷開始大約印一千本。

「我的書賣得不錯。」語調是肯定且自豪的。

詩冊的物流倉庫一樣在坡州，每月的倉儲和配送費用約二十萬韓元。偶爾需要自己處理獨立書店的訂單時，加起來每個月約二十五萬韓元。但大部分的小型實體書店，朴惠蘭是交由經銷商處理。

行銷策略

朴惠蘭自承沒有行銷天賦，也不擅使用社群媒體。

「出版社的 Instagram 由我女兒幫忙管理。她是學服裝設計的，設計了狄金生兩本詩集，其餘則交給『野兔們』設計工作室。市面上有些設計得很

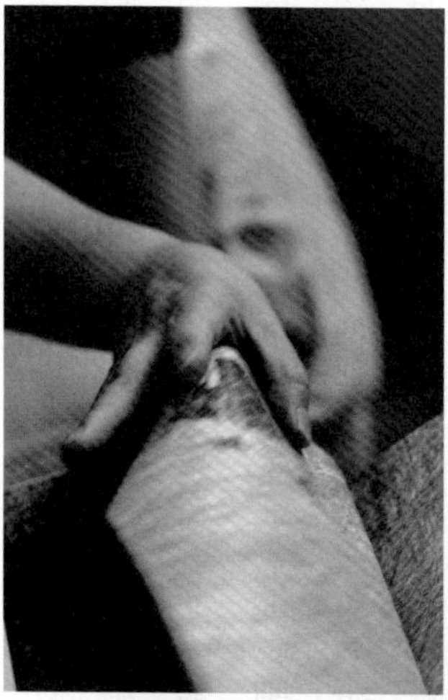

出色的作品，就是出自野兔們之手。」

「沒辦法針對實體書店這個通路做什麼行銷。一來，詩集多出自國內幾家有規模的出版社，如民音社、文學村，它們在書店的陳列區都非常美。我的書也在架上，不過是側插在書櫃裡，讀者不容易看到。」

她認為，有限的預算必須做好分配，思考之後，決定對於參與書籍製作過程中的編輯、設計、印刷等費用，都盡可能提供，不討價還價。「這是我的準則，以製作出一本好書為目標。相反地，在行銷方面不太花錢，覺得花了也不會有太大效益。」

另外一提，詩冊有個滿有趣的周邊商品，是印有狄金生詩句的手機指環扣。

 # 艾蜜莉・狄金生 # 女性議題

和最初製作插畫詩集時相比，狄金生在韓國已有許多人知曉，加上近期有以狄金生為主角的同名美劇，回響更大。

「在我翻譯她的詩之前，世人對狄金生的既定印象是居住在美國東部的中產階級，是一位只穿著白色連衣裙、安靜且高貴、未婚的神祕女詩人。但是我想透過翻譯展現她的其他面向，恰好美劇所描繪的她，和我出版的詩集中的形象吻合——身為酷兒的、忠於生命、充滿能量的她。這些特質對詩冊的讀者非常具吸引力。」

朴惠蘭將觀點拉回韓國，提及春日警鈴也強調過的事件。「在韓國，關於女性寫作及寫作的女性，有個關鍵的事件重啟了女性主義，就是江南站殺人事件。那之後，僅因為是女性而暴露在不平等與暴力威脅之下這點，自然讓女性產生要為自己發聲的覺悟：為了發聲，『女性寫作』就變得十分重要。在這樣的過程中，很多在女性寫作方面的重要作家浮上檯面，包括狄金生。她不想失去作為女性的自我，並透過文字傳達；以及無論是否有人理解，都能從自發的寫作中獲得力量——這樣的姿態不僅韓國女性讀者著迷，也吸引了少數族群。」

讀者年齡層主要落在三十至四十幾歲，多半從少數族群的觀點去閱讀；中年以上的讀者不少，通常把狄金生視為經典。另外，詩冊的男性讀者也很多，他們傾向以小眾的角度來閱讀狄金生，發掘弱勢所擁有的潛力和能量，這也是讀者讀她的原因之一。

「我開始閱讀狄金生的時機……中途因為育兒而暫停了工作和學業，就是所謂的『職涯中斷』，等孩子差不多要上小學時，我重新開始讀博士班，在課程中閱讀惠特曼和狄金生的作品。當時我三十七歲，剛好惠特曼〈自我之歌〉有『我三十七歲，身體十分健康』這樣一句詩，給人一種世界重新開展的感覺。接著我才開始讀狄金生，她從未擺明了說自己是女同性戀，而是說著：『我是失去了什麼、失去了誰的存在，我是失敗的存在、被剝奪了什麼

的存在、挫折的存在，但我絕不感到失望和氣餒。』如此語調堅定地敘述。我原本是更喜歡惠特曼的，但從某個片刻起，述說自己的故事和內在的聲音，不滔滔雄辯，彷彿對自己和蘇珊這樣的好友絮絮細語的狄金生，更讓我著迷。」

朴惠蘭曾在首爾大學的通識課上了一、兩首狄金生的詩，醫學院一年級的學生很喜歡描述「失敗過的人才能知道成功的滋味」這樣的詩句，因為學生大多數是重考才能進得了這道窄門。

「人們都想擁有力量，成為強者，但其實世界上大部分人都處於相對弱勢，或在某個瞬間會成為弱勢。像我去英國時，機場移民官的態度讓我覺得我來自他們的殖民地，或像九一一事件不久後，我去美國進修，歐洲人以外的外國人都要脫鞋搜身，才感覺到『我在這裡是少數啊』。狄金生的敘事總是站在弱者、少數族群的位置，令很多人能產生共鳴，『不是只有我這樣子』。」

韓國出版市場現況 # 環境影響

朴惠蘭表示多多少少會受到景氣、市場，以及政治環境影響。

「詩冊的書籍製作成本較高，紙價大幅上漲就影響很大。以前費用上漲時，還不至於到令人在意的程度，現在會感到負擔了。我也在思考怎麼做才好。加上我的書常涉及人權和勞權主題，比較嚴肅，或俗稱的沉重。詩冊的作品並非完全在談女權或女性主義，而是強調『交叉性』，主題的交織很重要，例如在女性的基礎上討論勞動、人權或藝術等。由於不是直接切入女性主義的主題，讀者似乎不會把這種書放在優先閱讀清單。」

她指出，當前的政治氛圍，讓慰安婦這樣的議題變得比較不容易公開討論。韓日關係是該改善，可是要用什麼辦法改善？在韓國社會有各種不同的意見。針對過去的歷史，日本是否該承認錯誤？政府不太願意談這些敏感話題。「目前的整體氣氛，並不是那麼支持閱讀或出版市場。例如，圖書館購書的經費和員工、相關活動都減少了，館藏選書自然也運作得不好。」

 # 電子書 # 有聲書

第一本狄金生詩集製作成電子書，作為禮物送給贊助詩冊的讀者，可說是沒有銷售用途。

「電子書一個月大概只賣一本，賣得不好，但我也不太宣傳有電子書，因為紙本的質感是相對好的。尤其詩集的排版是為了讓讀者閱讀每一首詩時，可同時看到英文和韓文雙語同時呈現於左右兩頁，方便對照。如果是電子書，不知道能不能達成這種效果——假設可以，我才會考慮再製作電子書。至於勞動主題的散文集，曾有售價太高、真正需要閱讀這本書的勞動者會難以負擔的意見，所以我考慮過製作電子書，但因為庫存，目前還沒有這麼做。」

談到詩集是否會出有聲書，朴惠蘭的答案是否定的。「我聽過不少朗讀狄金生的影片，女性和男性聲音都有。但不同於惠特曼的詩適合鏗鏘有力的朗讀，狄金生應該以眼睛閱讀，她的作品大部分需要在心中品味，朗讀的方式和聲線可能會改變詩作的意義，因此我還無法決定是否需要有聲書。」

 # 開出版社前與後 # 想一輩子做出版嗎？

朴惠蘭主修英美文學，對戲劇充滿興趣，研究所時期原本專攻敘事學和小說理論，讀到艾蜜莉・狄金生之後轉為研究女性主義詩學。二〇一四年之前在大學英美文學系教書，後來以研究人員身分參與曹溪宗㉚的資料外譯出版計畫。「當時首度接觸到出版，也得到些啟發。」

問到開出版社之後的變化，她笑說很多。「意識到自己創業了，愉快且熱中於做書和賣書。你也知道，開出版社不僅是精神勞動，更是身體勞動，比如在書展我得自己搬書，導致現在手腕很不舒服；或者去忠武路的印刷街，可以看到搬運紙張的電動車來來去去，這都是出版的身體勞動，這些事會讓我心情很好。」

對於想一輩子做出版的提問。「一輩子……？」朴惠蘭陷入思考，「如果以六十五歲退休來說，我現在只剩下五年。所以想著多做五年……一開始我並不在意自己年紀多大，不在乎和自己合作的對象是否年紀差太多，但我漸漸發現無法忽視年齡差異了，畢竟韓國還不算是能夠真正地跨越世代好好對話的社會。翻譯是會想持續做下去，可是像目前做的出版工作能做到何時，現在是必須認真思考的時機了，這是我的課題。」

 # 目前賣得最好的書 # 推薦給臺灣讀者的書

賣得最好的是《永遠無法回來的物事》，有兩個版本，一個是封面解析度不足的初版，另一個是修訂版。朴惠蘭的女兒不是專業的書籍設計，以為把設計圖給印刷廠就好，印刷廠則誤會是刻意用解析度低的檔案。但這本最暢銷，目前已經四刷，賣了五千本以上。有失誤的初版在二手交易很搶

㉚ 조계종，韓國最大佛教宗派。

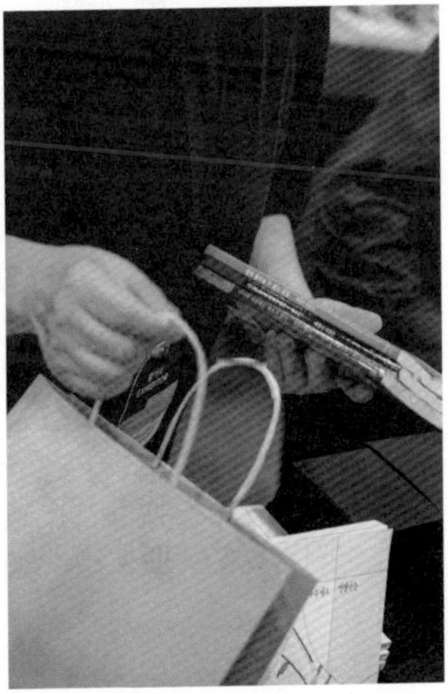

手，朴惠蘭說有個插曲，「樂團JANNABI（잔나비）的主唱崔政勳在某次採訪中，從包包中拿出隨身閱讀的書，其中一本就是《永遠無法回來的物事》的初版。他的粉絲都在瘋狂尋找初版，不過當時已推出修訂版。」

對於最想推薦給臺灣讀者的書，朴惠蘭表示，詩冊出版主要是用韓文介紹美國詩人，「所以我不是很確定這樣推薦給臺灣讀者是否有意義……但如果真要推薦，我想是金福東奶奶《乾癟的樹木總有一天會開花吧》這本，這是臺灣讀者可以一起閱讀的內容。二〇一三年，我曾和金福東奶奶一起到過臺灣，參加每年都舉辦的慰安婦主題研討會，我當時是金奶奶的韓英口譯，也協助翻譯韓文資料。金奶奶當年被日本軍人帶走的路線是往南太平洋，臺灣也有慰安婦議題，我想或者是會有共感的。」

 # 解壓與療癒 # 隨身小物

「我試著朝純素飲食的方式生活，飲料類前陣子喜歡豆漿，最近喜歡紅蘿蔔汁。酒不太喝，淡的烈的都不太能，但煙台高粱酒例外，也喜歡一起喝酒的感覺，所以工作室都會放啤酒和紅酒，讓大家相聚時能輕鬆地喊著『斟酒吧、喝吧』。」

聊到解壓，她說：「因為我大部分時間是獨處狀態，所以會開著韓劇或放音樂，維持背景音，這是能讓我在工作室放鬆的方式，比較不會感覺到是自己一個人。另外是新冠肺炎期間，身心狀態都不好，腰也受傷了，痛到覺得可能會死掉的程度，醫師建議我走路，因此養成了一天走一萬步的習慣，繞著家附近的公園，邊聽著音樂。」

朴惠蘭的隨身物品只有車鑰匙和手機。主要是身體不適合提重物，很多物品都乾脆放在車上，到哪裡都開車去。

「我也喜歡看劇，特別是韓國傳統的唱劇（창극）。」她給我們看了《威

尼斯商人》的唱劇片段，莎士比亞融合傳統的板索里說唱（판소리），服裝則是半西洋半韓服的形式。

雖然不是朴惠蘭的本意，但詩冊出版的工作室不在任何出版社集中的地帶，而是在首爾市的政治要塞光化門，頗有一點大隱隱於市的氣息。採訪前一天她才剛把工作室從弘大搬過來。是韓國常見的樓中樓套房，區隔出廚房、客廳和臥室，是充滿生活感的舒適空間。

她原本都在家中工作，後來在弘大租了個共享辦公室，讓編輯、設計師等合作對象能聚在一起工作，也能不定期舉辦讀書會。她體會到工作空間的必要，於是租約到期後搬來光化門。採訪時，聊了很多不在訪綱的內容，感受到她個人充滿敘事魅力的能量，最後問到她想教給逗點的詩句，她答：「我活在『可能性』之中。」

連結資訊

🌐 www.facebook.com/fascicles

◎ fascicles_seoul

홍대 안마원
국가공인 안마바우처 제공처
070-8691-2803
2F
Carrier
캐리어
기술강사의집
Barber shop
여광 종합 건축공사
기술강사의집
금메달의집
월드컵북로
WorldCupbuk-ro
52

EP10

〈沒有差別的設計〉

6699press — 李宰榮 이재영

「出版社的名稱是來自某次我看到一張照片裡有英文的雙引號，看起來就像數字 6699，我喜歡這種能用不同角度詮釋一件事的感覺。」6699press 發行人李宰榮說。

他也是書籍設計師，二〇二一、二〇二三年兩度獲得「BBDK 韓國最美的書」。他的設計擅長用鮮明色彩、色塊和幾何線條，強烈且節制。近期設計案

中包括二〇二三年富川奇幻電影節以崔岷植為主題的演員特別展刊物，還有《水泥烏托邦：末日浩劫》包含腳本的幕後製作書等。

二〇二二年出版的第一本書《我們住在首爾》（우리는 서울에 산다），以及隔年《寫給朋友：我們住在首爾》（우리는 서울에 산다：친구에게）都是實際採訪住在首爾的脫北青少年的採編內容。以此為開端，主要的後續出版品如《六》（여섯）、《韓國、女性、平面設計師》（한국，여성，그래픽 디자이너）、《首爾的澡堂》（서울의 목욕탕）、由逗點出版繁體中文版的《在你背後》（너의 뒤에서）、重新思考和定義家庭型態的《新的正常》（뉴노멀）和《首爾的公園》（서울

의 공원）等，多聚焦於社會少數與即將消失之物事。

二〇一二年，李宰榮因研究所課堂作業而做了一本關於脫北青少年的書。

「所以說創立出版社有點……我當時想的不算是開出版社，而是抱著想做一本書的心情開始的。我想著，能夠這樣傳達人們的想法，似乎很不錯。讓發聲者能得到認同和尊重。讓對社會重要的話語、需要說出來的話語能夠被聽見。」

到二〇二三年為止，李宰榮開出版社十一年，出版了十五本書，幾乎沒有拿任何政府補助，通常是因為申請資格不符合或申請了卻沒通過。關於脫北青少年的第一本書僅有三星贊助相機，其他後續有性少數

者團體補助的一百萬韓元、仁川文化財團兩百萬韓元。《韓國、女性、平面設計師》、《首爾的澡堂》、《在你背後》、《首爾的公園》等書是透過Tumblbug社群集資。

「與其說是集資，我認為比較接近預購，是讀者對書籍出版的支持。」

#銷售 #通路 #電子書

6699press出版品在網路書店都有鋪貨，實體書店是直接交易。

「二〇一八年《在你背後》出版前，完全由我自己接訂單、寄書，當時也沒在大型書店銷售，網路書店只有在阿拉丁——阿拉丁對獨立出版社一向很友善。我和阿拉丁和最初簽的合約一直維持到現在。出版社和一般網路書店拆帳是七比三，教保則是拿四成五。」

「沒怎麼和書店MD聯繫，因為覺得對銷售沒什麼幫助，我的書好像也不是透過 MD 宣傳就會賣得比較好。我沒透過經銷商，三、四年前開始使用物流倉庫，簽約即可，一個月費用落在十至十五萬韓元，費用跟出版品數量成正比，少的時候八萬，多的時候有二十萬。後期的大通路主要是在阿拉丁、YES24，以及訂閱制平臺 Millie 的書櫃。」

#目前賣得最好的書 #最喜愛的書

6699press 初版一刷平均印一千本，但實際每次都不太一樣，比較多的有印到兩千本。其中銷售成績不錯的是《首爾的澡堂》，目前約賣出兩千多本。

李宰榮個人喜愛的出版品是二〇一五年的《六》，內容是六名職業各異的同志與異性戀友人的對話，其中包括《在你背後》的作者野原 KURO。這本的企劃是有趣的，調性是溫暖的，但銷售比預期慢。「二〇一五年當時酷兒主題的書籍並不多。在其他國家，所謂的獨立出版就是為了說出想說的話，在韓國倒是有點奇怪，酷兒和女性相關的內容不多，即使到現在我也覺得不夠多元，應該還要更豐富才對。總之，當時我認為因為稀缺，這本書應該會受到矚目……說不定是太超前了（笑）。雖然賣得慢，現在也賣完、絕版了。想過要再刷，後來覺得這本書已經是八年前的書了，我想把當時的思考就留在當時，讓它成為紀錄；與其再刷，是不是該再往下一個階段的內容製作前進，才是我該做的事呢？」

李宰榮分享了還在企劃的「下個階段的書」——他想敘述五十、六十幾歲熟齡酷兒的故事。「現有的內容大多集中在二十、三十幾歲這個年齡層，缺乏長輩級酷兒，這年紀的人已經度過了最艱難的時期，無論對未來的想像或是希望，都想探討看看。形式上也會是好友間針對某個主題的對話，例如共同思考未來的生活。」

SOUND PLAY
TOSHIBA

行銷策略

李宰榮重複了「行銷？」三次，接著說：「應該是沒有這種策略。沒有什麼宣傳活動，社群也就Instagram。喜歡6699press書籍的書店和讀者，可能就是最好的宣傳。我也沒有養粉的方法……我是這樣想的，全心做出好書，就會有粉絲，我做好該做的事，即使不刻意養粉，也能在不特定的少數讀者之間建立信賴感。」

韓國出版市場現況

「景氣不景氣似乎沒影響，可能也是因為我沒有『書要大賣』的企圖，而是希望我做出的書能得到贊同和尊重，這樣的想法更強烈——雖然這兩點可能是同一件事。我的書大部分是慢慢賣，所以對銷售速度沒有特別的危機感。

新冠肺炎或紙本書不受青睞等社會現象或議題，似乎也沒有太大影響。我倒是更專注於書籍的設計或紙張使用等，讓自己能做出一本好書。」

開出版社前與後 # 人生變化 # 想一輩子做出版嗎？

李宰榮一直都是平面設計和出版工作同時進行。「其實，應該說平面設計師的身分更強烈，我的目標是以這樣的身分發出這個社會需要的聲音。平面設計師這角色，可以從書籍的封面到封底，確保敘事不變質，設計師如果成為企劃和出版人，我認為內容會變得更有力道。我想傳達的內容，從頭到尾、原原本本地呈現。」他認為，通常編輯需要和設計師溝通概念，設計師也得揣摩出版社的需求，或者有互相說服的過程。「而我少花了這些力氣，所以設計自己出版社的書其實滿省時的。」

第一本書《我們住在首爾》印了一千本，那時候不知道天高地厚，獨立

COSMOS
2023.3.26

出版社一刷一千本是不容易的數字。因為是之前沒有過的內容，韓民族新聞介紹了這本書，即使如此還是賣得不好，庫存很多。「當時有個插曲是，有次寄送了三百本去參展，送回來的時候正好是梅雨季，書本淋溼到幾乎只能直接報廢，對方也說會補償我，但我心裡想的是『這樣反而是好事』（笑）。」就在李宰榮認為自己不適合從事出版，本想放棄時，保誠人壽公益基金會主動向他提議，出一本《我們住在首爾》的續篇，並支援了五百萬韓元，就這樣又做出第二本，接著參加 Unlimited Edition。「到了第四本，是關於修繕舊書的指南，雖然只印了五百本，但一個月內就賣完了，現在二手書價格是三十萬韓元，《首爾澡堂》那本十二萬……對了，剛剛的問題是什麼？」

我們大笑。

「啊，生活的變化？……雖然不曉得這是因為做出版還是年紀增長帶來的變化，參加書展這樣的實體活動時會有人認得我，忠實讀者會來攤位聊聊，告訴我他讀了好幾本 6699press 的書。這讓我感覺到，我不是單純為了自我滿足而做書，而是真的達到和人們溝通的效果；我不是單純在吶喊，讀者也需要這些故事，想到這是能夠對別人的生命帶來些改變的內容，我會流淚，很感動。而這是如果我只做平面設計，絕對無法體會到的經驗。」

談到印象最深的讀者回饋，李宰榮說：「很多。如果是《六》這本，有滿多讀者說因此得到勇氣，能對親友出櫃了。」他說製作《六》的時候，也是抱著緊張害怕的心情，慎重地把裡頭的六組對話當作自己的故事，誠心誠意做出一頁又一頁。

都說到這份上了，對於是否一輩子做出版的提問，李宰榮沒有遲疑地給了肯定的答案。

6699PRE
Q2-70

推薦給臺灣讀者的書

「最想推薦《在你背後》！因為有繁體中文版了。」李宰榮笑。

「都想推薦，但再選一本的話，是《韓國、女性、平面設計師》。這也是一本對話／聊天紀錄，由十一位職場、年齡、婚姻狀態和育兒經驗等背景各異的女性平面設計師，自由挑選同性的同業為談話對象，針對『在今日韓國社會，以女性平面設計師過日子是怎麼樣的？』來展開對話。」

看報表的心情

李宰榮坦言自己不太看報表。「偶爾看看。大致是看庫存還有多少……叫夏民也不要看報表了。」

 # 解壓與療癒 # 有煩惱時去的地方 # 隨身小物

李宰榮說運動和建立日常規律是解除壓力的方式，因為會把焦點集中在生活整體，而非工作。「最近因為書展和工作坊、採訪，我的日常規律被打破了，就會有種『氣』流失的感覺，即使心情是不錯的，連去運動都只覺得累。

特定的療癒食物似乎沒有，大概就是好吃的東西、不是自己煮的東西吧（笑）。酒雖然不是不能喝，但喝酒不會令我放鬆或感到愉快。」

李宰榮喜歡的食物是炸豬排，近期則是會自己煮早餐來吃。「我

的做法是先下半盒豆腐煎熟、再放高麗菜炒至菜心變軟，放顆雞蛋和前兩者混合，看心情可搭配培根或雞胸肉，起鍋後放點蠔油，這樣就很好吃了。」

「有煩惱時會去的地方是叫做成美山的小山丘，附近居民很喜歡那裡。椅子和步道等設施都很完備，十五分鐘就可爬到頂點。在都市裡，但空氣很好，春天滿是櫻花。我會去散步，聽聽鳥啼聲，整理思緒。會隨身攜帶的物品則是 AirPods 和 Midori 捲尺，捲尺是為了看到感興趣的書籍就可以測量。」

6699 既是數字，視覺上也是符號的上下引號，而這引號十二年來引用的，就是少數族群的話語。採訪結束後的下半年十一月，6699press 的第十六本

連結資訊

🌐 6699press.kr

📷 6699press

書《沒有差別的設計》（차별없는 디자인하기）問世了。這是關於設計師以設計為中心，分別就「酷兒、非人類、結盟、都市、身心障礙」五個主題，親身實踐社會運動的內容。

我們知道 6699press 還會有第十七本。

서울용산
차 6699
차7478

附錄

圖書定價制在韓國實行了七年，做書的人怎麼說……

春日警鈴 봄알람 baume à l'âme

李讀盧認為是必要的。「曾在特價活動看過一本書一千韓元的價格，當時我的身分是消費者，也覺得這價格太過火。一本書的產出至少包括作者的版稅、印刷費、通路費用等，這是知識的產出過程。出版社也必須做最基本的事實確認和校對等步驟，書如果離開知識產業，以社會層面來看，我認為會產生破壞性的結果。再說，書也是能提供視覺享受的商品，我認為一本書最少值兩萬韓元。以小型出版社的立場來說，如果圖書定價制消失，大打折扣的話，似乎只有大型出版社得利。當然，小型書店的立場或許會有不同，也要聽他們的意見。其實，由於內容或主題等各種因素，讓一本書的成與敗已經差別很大了，如果再加上資本和價格可以大幅左右銷售時，並不是好事。

出版已經五年的書，我認為折扣可以多一點，這部分可以保持靈活性。

認為『有定價制是對的』的人，通常不會發聲；爭論浮上檯面時，經常有消費者會表示這制度會扼殺書店，這種論點，與其說是了解生態，不如說是想買有折扣的書。在推特（現稱X）上有過相關的爭論，部分類型小說和網路小說只以電子書形式出現，曾經有大幅折扣沒錯，但定價制也適用於電子書，無法再像之前有五折以下的價格……網路小說的消費族群跟小型書店出版品的消費族群似乎不太一樣，網路小說的消費者對定價制是持否定態度的。

我剛才說的，圖書定價制比較像是知識產業的正義……其實講這種話滿不好意思的。出版圈的人不太討論這個，其實我也很好奇同業怎麼看待定價制（笑）。」

第二提綱 두번째테제 Secondthesis

對於圖書定價制是否有幫助的提問，張元是給予肯定的。「我剛入行時還沒有圖書定價制，宣布要實施定價制時，出版社紛紛清倉大拍賣，因為制度一上路就打不了折扣。這樣拋售導致有的作者的版稅被調降，或是經銷商以大量購入的條件壓低出版社的出貨價格，我印象中曾經有段混亂時期。如果沒有定價制，會有什麼問題呢？通常是出版越久的書折扣越多，這對出版長銷型書籍的出版社不利。」

概念誌 컨셉진 conceptzine

關於圖書定價制的影響，金才珍這麼說：「我們十年來出版了很多書籍，價格無法任意調降，即使有庫存也找不太到清空的方式。有圖書定價制之前，可以拿去跳蚤市場便宜賣，或是當宣傳品和禮物之類的，在行銷上可做的有太多限制，我的感覺是困難反而變多了。」

「我以前也經營過小書店，所以書店和出版社的難處我都經歷過，為了避免削價競爭，從書店的立場來看，這制度是需要的；可是，身為做書的人總會有『就算打多點折扣也想把書賣出去』的時刻，出版過了十八個月後可以重新定價，但這步驟也會多一筆開銷，可能就得考慮銷毀或丟棄。以前坡州有開放倉庫的活動，讓消費者以重量計價的方式買書回去，不管怎麼說，那總是個跟書更接近的機會，我是這麼想的。不過這議題真的沒有正確答案，書能夠多到一個人手上，書的價值就能發揮，另一方面，書的價格太過低廉也是問題。

在我看來，對價格敏感的人是不會來小書店的。會造訪小書店的人通常抱有某種期待——他們可能想要與作家交流，或者能在書店裡有些對話，或希望得到推薦導讀。那麼，是否真有必要把注意力放在價格上？車子貴的或便宜的都能賣得出去，因此，是不是要努力成為即使定價高也能賣得出去的書？我明白這並不是所謂的正解，因為兩者都有明顯的優點和缺點。」

一頁出版・山羊 쪽프레스・고트 jjokpress・goat

金泰雄：「大家的意見都不一致，我覺得與其把焦點放在會有什麼正負面影響，不如思考，在有圖書定價制以及沒有的兩種情況下，我們該用什麼方式得到市場的青睞？要根據情況來調整相應的策略。」

金未來：「即使沒有定價制，我們也不會打太多折扣，所以定價制有無的影響可能不會太大。一頁和山羊的出版品相對來說價格較高，也不是主流，即使喜歡我們書籍的人也會猶豫要不要下手，不被我們書籍吸引的消費者更不會因為變便宜而買書。」

在地店家研究誌 브로드컬리 Broadcally

「我是在圖書定價制實施後才開出版社的，無法比較有無這個制度的差別。但如果沒有這個制度，我認為比起出版社，對書店有更多負面影響。對我這樣的出版社而言，銷售的形式會產生變化，獨立出版社和獨立書店的交易和交流可能會變得困難。」

三稜鏡 프리즘오프 PRISM OF

「圖書定價制保障了書籍不會打太多折扣，但我的過期雜誌反而價格更貴，所以其實我沒特別思考過這個制度。」

悠悠出版 유유출판사 uupress

有或無圖書定價制的時期，趙成雄都經歷過，對此也有鮮明的見解。他認為定價制對小型出版社和書店而言是相當重要的制度。韓國沒有定價制時，大型出版社會大幅降價銷售舊書，如此一來，不但小型出版社新書的曝光機會減少，已花錢購買舊書的讀者受限於預算，也不太會再買新書。另一方面是書店的立場，小型書店從經銷商那裡拿到的進貨價格，通常是定價七折，書店利潤約落在二至三成，假設定價制不存在，書店利潤就更低了。

提到公平交易法，趙成雄反問：「假設書是單純的商品，你們是否看過市場上有哪種商品會以『圖書館』的形式，免費借給民眾？知識是具有公共性質的商品，知識應當要讓任何人都能接觸到，因此書本身就是獨特的。」他也認為需要定價制的主因是「多樣性」，沒有這個制度，市場會變得只對大型出版社有利，小型出版社相對很難出版真正的好書。

動詞出版 움직씨 oomzicc publisher

「以前可以便宜賣回頭書或庫存書，出版社對此意見也相當多元。若小型書店經營困難，出版社也會連帶受損。我認為書是具有公共性質的，也就是和社會整體有關，是要保護的。在出版文化領域裡，不能失去多樣性，因此我認為圖書定價制是必要的。如果庫存書帶來很大的負擔，必須面臨銷毀時，或許可以想想別的對策，例如舉辦回頭書／庫存書市集等，尋求克服的方式，而不是在書的價格上打折扣戰。我個人認為，臺灣如果能有圖書定價制，整體是有利的，業界可以相生共存的要素會增加。」

詩冊出版 파시클 Fascicles

「似乎沒有太多國家有圖書定價制。印象中在國外購書有滿多折扣，所以我會去書店翻找書籍。但在韓國不能這樣做。據我所知，其他獨立出版社參加書展時可能會打九折，我自己是原價，因為詩冊往來的小型實體書店中部分也是原價銷售，我不能賣得比這些書店更便宜。但我會提供些贈品，或用其他方式和讀者交流。

我會遵守圖書定價制，同時思考如何跟其他出版社或書店討論，看是否有能夠調整的地方。圖書定價制在某些時期是必要的。如果圖書定價制消失，那麼大型出版社可能會以量制價，或沒有顧忌地做出破壞銷售秩序的事。如此一來，像我這樣的小出版社大概就很難存在了。當然，如果圖書定價制消失，我們必須擬定因應的新策略；假使現在突然沒有這個制度，應該會令人不知所措。」

6699press

「圖書定價制的有無對我沒有特別的影響——當然，定價制的存在是有幫助的，如果放任自由市場競爭，我的書可能會不敵大型出版社的折扣攻勢，如果一萬韓元能買到大出版社的書，我定價兩萬元的書在消費者眼裡就顯得太貴了，無論內容有多麼不同。另外，我覺得定價制的有無對小書店的影響大過於小出版社，有了定價制之後，地區書店變多了，雖然新冠肺炎期間收店的也不少，但我周圍的大部分書店都撐了下來。目前網路書店常態折扣大致維持九折，沒有定價制的話一定是折更多。」

後記

離心的力量

陳雨汝

夏天是我最不想前往韓國的季節——在有選擇的時候。偏偏首爾書展和陳夏民都是屬於夏天的。

我已在韓語教學和翻譯的模式中落腳下來，首爾採訪計畫需要排開譯案和不少課程，但仍具吸引力的原因是，我會在短短兩週內見到許多有意思的人、和他們談話，並且有兩位密集合作的夥伴。這能打破我的慣性，暫時脫離舒適圈。

於是六月，和comma books社長陳夏民、當時只見過一次面後來變成我們「忙內」的廖建華，出發了。

事先擬好的訪綱綜合了三人意見，實際採訪時，也會針對受訪者的回應和現場狀況，各自追加提問。我們在各自領域都是所謂的獨立工作者，某種程度上容易達成共識，另一方面也因工作內容不同，各有觀看的角度。像夏民自然會特別注意獨立出版社經營的實務面，我發現自己經常想問出受訪者下某個決定或有重大轉折的時空背景。

《做書的人》裡的十家出版社，出版品特色與關注領域、思考脈絡，以及發行人、總編輯的性別和年齡分布，都保持友好距離般地散落在光譜間，不至於重複，甚至各異其趣。

其中，概念誌和悠悠出版已是固定成員有五至七人左右的公司規模，和最初受訪者的設定略有出入。但正好能讓我們看到從零開始的獨立出版可以成長到什麼樣貌。這兩家也沒有脫離獨立精神，就是幾乎每一家出版社都會提到的：「因為想發聲、有想說的且一定要說出來的話而開了出版社。」

我想，這是獨立出版最珍貴的部分，尤其在韓國注重群體生活和集體利益的社會氣氛中。

受訪者擴展了我原先對獨立出版社及出版人的狹隘認知，無論是實務或生活面向。腦海中留下許多畫面和聲音：李讀盧談出版《我是金智恩》的過程，彷彿能扛起千斤萬擔，聊到麻辣香鍋又像個青春的大學生；專攻社會主義書籍的張元彈吉他、聽搖滾樂；概念誌雙金夫婦的養粉力、跟員工在辦公室大合唱八三夭的〈想見你〉；一頁・山羊出版的金未來和金泰雄一副隨時可以上場打籃球的樣子；在地店家研究誌的趙陮啓，辦公室用品與風格會令人懷疑他是不是超低調的財閥家小兒子；《三稜鏡》電影季刊的柳真善像獨立出版界的練武奇才，簡直來顛覆江湖的；悠悠出版的趙成雄有種深藏不露的沉穩，談圖書定價制時，立論清晰堅定，一起喝馬格利時，又似悟了什麼道的前輩。

當然還有和我們相熟的動詞出版和6699press。採訪魯柔多、羅笿綻和李宰榮就像見老朋友的愉快時光，也多虧他們引介，才能採訪到春日警鈴和一頁・山羊出版、詩冊出版。

《做書的人》撼動我的是他們都身體力行了「去中心化」。讓我感受這點最深的是詩冊出版的朴惠蘭發行人，在一般人認為六十歲左右應該漸漸淡出工作狀態的此刻，她仍然充滿翻譯、出版和投入社會議題的活力和魅力。這趟採訪像是有意識的迷途，回來後，當我在獨立工作者的宇宙中茫然時，會想到幾個遙遠的星球上有夥伴呢。

後記

游擊的姿態

廖建華

六月，在參訪首爾國際書展的同時，我們採訪了首爾的十家獨立出版社。有別於書展令人驚豔的視覺與空間設計，獨立出版人坐落的市井街道，日常辦公空間樣貌與氛圍，乃至出版人的穿著打扮、手與筆記本、嗜好、療癒小物，對照各自講述創業歷程與理念時的眉宇神情，似乎更能帶我靠近韓國獨立出版的真實樣貌。

同年十月，我們再度去到首爾，參與首爾獨立書展的擺攤。這個場合更接近臺灣的草率祭，自製出版品打破「書」的既有樣貌與規則。我想像創作者或出版者像是紀錄片工作者，跟每個來到攤位的讀者，播映自己的片花，為期三天不斷重複介紹自己在乎的內容，像夏民說的，每個人能用自己的方式、媒介說自己想說的故事。

作為一位紀錄片工作者，看著不同類型與議題的出版物，透過擺攤、社群經營、訂閱等非主流通路，找到自己的受眾，不管是否有獎項的入圍與曝光，不全然依賴補助或主流規則，堅定想法，自給自足，一本一本製作下去，著實激勵並重新提醒了我一些事情。

近幾年的我，逐漸習慣拍片需要經歷補助投遞，參與不同類型的工作坊，並在不同階段要有所曝光，甚或走向國外是「更高的榮譽」，致使影展入圍與否的得失心不斷限縮著自己。我提醒自己，拍片的過程也許低限，但也應該是自由而有活力的。他們正這樣努力著，游擊也是流通的姿態。

回到本書拍攝的照片。原以為熟悉社群經營的出版者已有許多拍攝經驗，許多人卻表示這是首次有採訪居然一半時間都在拍照！每到新空間，夏民和我便開始尋找能建構場景與出版人的蛛絲馬跡。原先設定出版人拿書遮臉的主照片，也是因為大家鮮少面對鏡頭的關係，當下討論不如拿書遮全臉或半臉吧，除了緩解拍攝焦慮，也意外讓我們更直視出版人的眼神。

主照片正式拍攝前都由夏民先行試擺，但夏民畢竟是有經紀人的「藝能人」，能駕馭各種天馬行空的動作，對素人來說難度太高時，便會轉換備案，出版人大概沒想過有這樣煎熬他們的「採訪」環節。對我來說，過程的機動也真的像在拍片。

在朴惠蘭教授的採訪過程中，她提及自己和許多獨立出版人一樣，會去忠武路的印刷街搬書，推薦我們前去走走、取景。隔天，我們補齊了這本書籍裡最後一批照片，也就是實體書籍印刷的所在區域。有別於大印刷廠，這裡可以看見工人駕駛著為運送而改造的機車與拖車，穿梭在充滿韓文字貼紙的巷弄中。看似喝過三合一咖啡的紙杯，倒插在三角錐上。午休時間，現代高樓前的樹蔭下，也有工人在車上短暫休憩。

出版業勞動者與印刷業勞動者，在此有了交會。

示見 26

做書的人：探訪十家韓國獨立出版社快樂的生存之道

作　　者　陳雨汝、廖建華
總 編 輯　陳夏民
責任編輯　沈如瑩
封面設計　小子
內頁設計　陳昭淵

出　　版　逗點文創結社
　　　　　地址｜桃園市 330 中央街 11 巷 4-1 號
　　　　　網站｜ www.commabooks.com.tw
　　　　　電話｜ 03-335-9366
　　　　　傳真｜ 03-335-9303
總 經 銷　知己圖書股份有限公司
地　　址　台北公司｜台北市 106 大安區辛亥路一段 30 號 9 樓
　　　　　電話｜ 02-2367-2044
　　　　　傳真｜ 02-2363-5741
　　　　　台中公司｜台中市 407 工業區 30 路 1 號
　　　　　電話｜ 04-2359-5819
　　　　　傳真｜ 04-2359-5493

製　　版　軒承彩色印刷製版有限公司
印　　刷　通南彩色印刷有限公司
裝　　訂　智盛裝訂股份有限公司
倉　　儲　書林出版有限公司

電子書總經銷　聯合線上股份有限公司

ISBN　978-626-98394-0-7
EISBN　978-626-97825-9-8 (EPUB)
初版　2024 年 6 月｜定價　新臺幣 420 元

國家圖書館出版品預行編目 (CIP) 資料

做書的人：探訪十家韓國獨立出版社快樂的生存之道
陳雨汝、廖建華著

初版 _ 桃園市：逗點文創結社
2024.06_320 面 _12.8× 19 公分 . -- (示見；26)

ISBN 978-626-98394-0-7(平裝)
1.CST: 出版業 2.CST: 產業發展 3.CST: 韓國
487.7932　　　　113002260

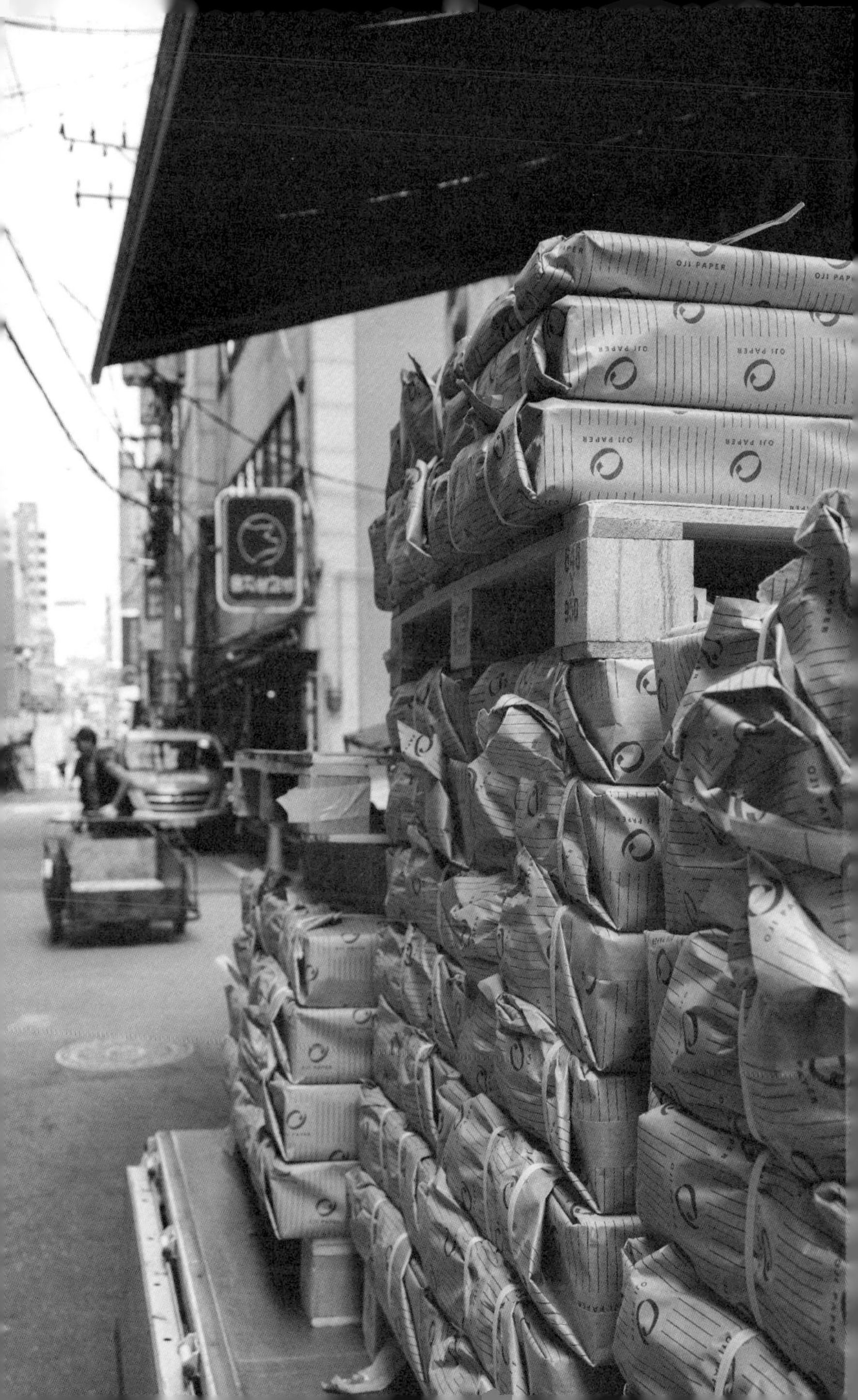
OJI PAPER

INTERIOR
FURNITURE
DISPLAYS
STORE FIXTURE
2277-5792~3
경일칼라콤
TOYOTA

T.2268-5770 (代)

동진문화사
3F
T.2268-5805
KPP

을지로12길
16
캡스경비구역
ADT
CCTV작동중
EXCEL
오토·다마스·라보
화물·용달·이사
1588-8221
카드
맑고 깨끗한
튀김 전용유

HYUNDAI

아시아경제
아시아미디어타워
WORLD
People
안전제일

光化門

0.29 이태원 참사 희 자 합동분향소
Memorial Altar for the Oct 29 Itae n Disaster Victims

로또복권
— 판매점 —

서울역사박물관.
경화궁앞
광화문
서대문역사거리
01-008
271
4025

망원시장
오실때 기쁨가득! 가실때 인심가득!
함흥냉면
전문점
고향집
칼국수
콩나물 비빔밥
손수제비
들깨칼국수
들깨손수제비
칼제비
들깨칼제비
콩나물국밥
쫄면
왕만두
칼만두국
들깨칼만두국

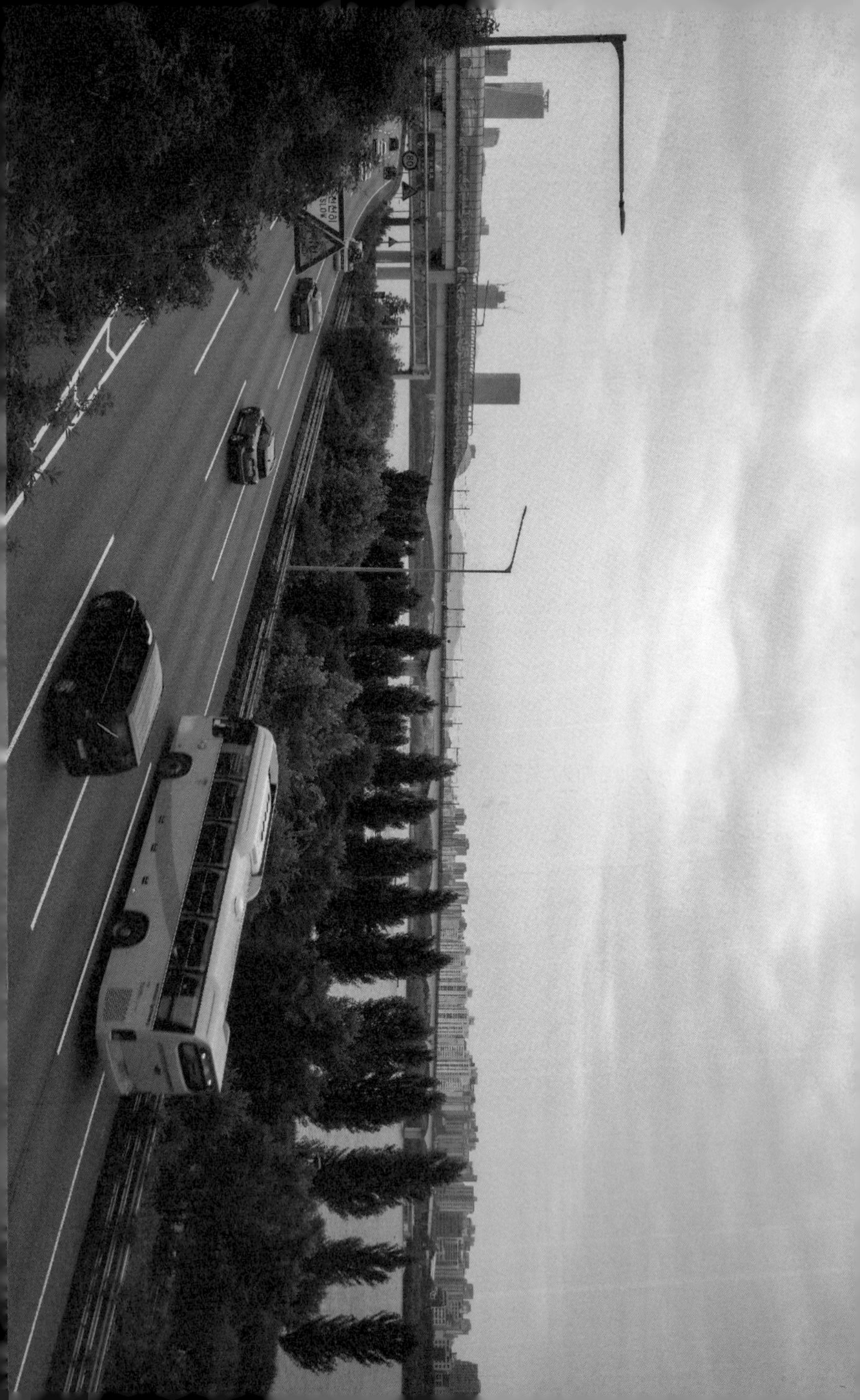

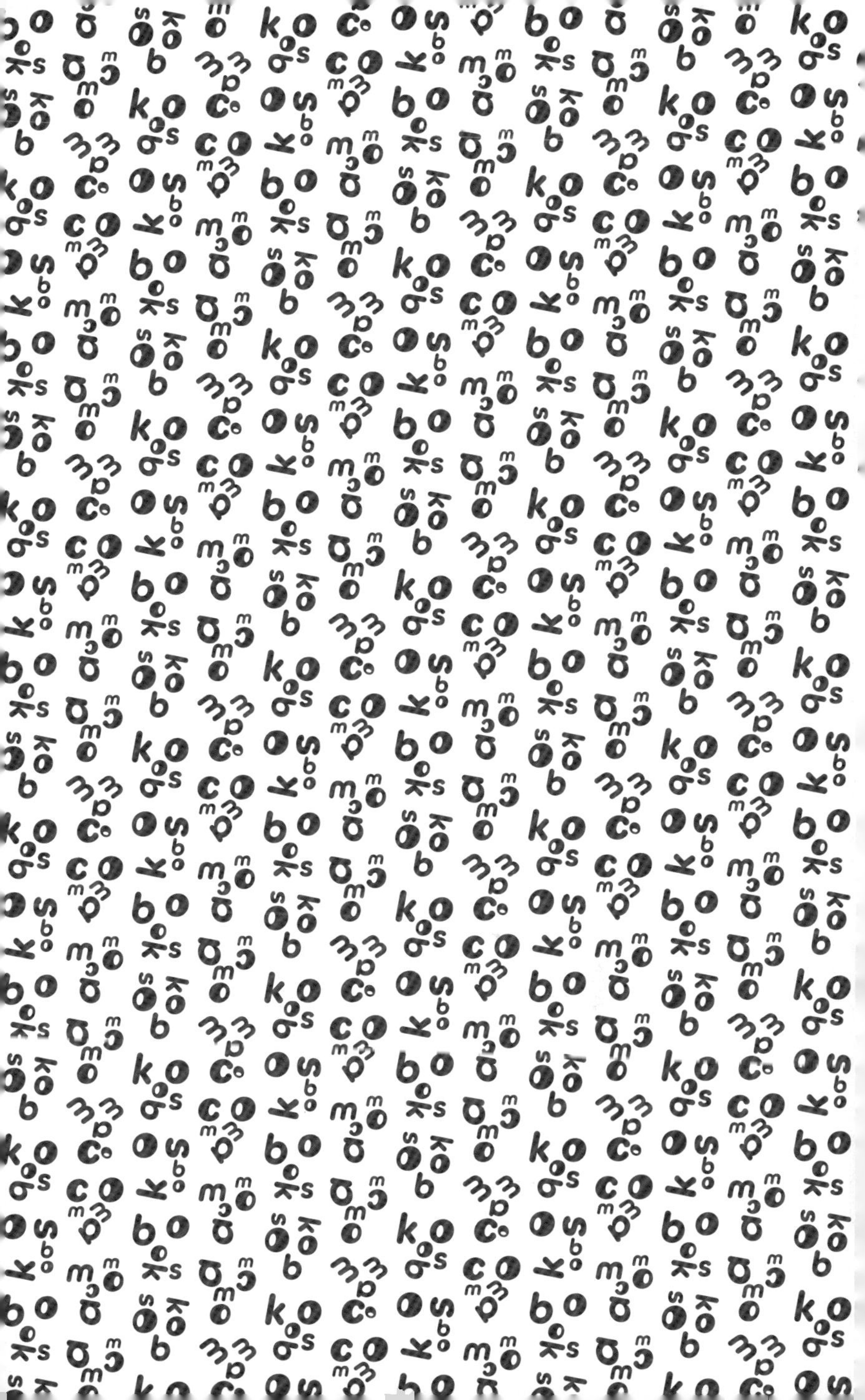